A GEOGRAFIA – ISSO SERVE,
EM PRIMEIRO LUGAR, PARA FAZER A GUERRA

YVES LACOSTE

tradução
MARIA CECÍLIA FRANÇA
Professora doutora do
Departamento de Geografia da USP

A GEOGRAFIA – ISSO SERVE,
EM PRIMEIRO LUGAR, PARA FAZER A GUERRA

Título original em francês: *La géographie, ça sert, d'abord, à faire la guerre*
© Éditions La Découverte, 1985

Tradução	Maria Cecília França
Capa	Francis Rodrigues
Diagramação	DPG Editora
Revisão	Fausto Alves Barreira Filho, Isabel Petronilha Costa e Sandra Vieira Alves

---

Dados Internacionais de Catalogação na Publicação (CIP)
(Câmara Brasileira do Livro, SP, Brasil)

Lacoste, Yves, 1929-
A geografia – Isso serve, em primeiro lugar, para fazer a guerra/ Yves Lacoste; tradução Maria Cecília França. – 19ª ed. – Campinas, SP: Papirus, 2012.

Título original: *La géographie, ça sert, d'abord, à faire la guerre*
ISBN 978-85-308-0447-3

1. Geografia – Filosofia I. Título.

12-12161   CDD-910.01

Índice para catálogo sistemático:
1. Geografia: Perspectivas filosóficas   910.01

19ª Edição – 2012
12ª Reimpressão – 2025
Tiragem: 250 exs.

Exceto no caso de citações, a grafia deste livro está atualizada segundo o Acordo Ortográfico da Língua Portuguesa adotado no Brasil a partir de 2009.

Proibida a reprodução total ou parcial da obra de acordo com a lei 9.610/98.
Editora afiliada à Associação Brasileira dos Direitos Reprográficos (ABDR).

DIREITOS RESERVADOS PARA A LÍNGUA PORTUGUESA:
© M.R. Cornacchia Editora Ltda. – Papirus Editora
R. Barata Ribeiro, 79, sala 3 – CEP 13023-030 – Vila Itapura
Fone: (19) 3790-1300 – Campinas – São Paulo – Brasil
E-mail: editora@papirus.com.br – www.papirus.com.br

SUMÁRIO

APRESENTAÇÃO 7
José William Vesentini

A PROPÓSITO DA TERCEIRA EDIÇÃO 15

1. UMA DISCIPLINA SIMPLÓRIA E ENFADONHA? 21

2. DA GEOGRAFIA DOS PROFESSORES AOS *ÉCRANS*
   DA GEOGRAFIA-ESPETÁCULO 31

3. UM SABER ESTRATÉGICO EM MÃOS DE ALGUNS 37

4. MIOPIA E SONAMBULISMO NO SEIO DE UMA
   ESPACIALIDADE TORNADA DIFERENCIAL 41

5. A GEOGRAFIA ESCOLAR QUE IGNORA TODA PRÁTICA
   TEVE, DE INÍCIO, A TAREFA DE MOSTRAR A PÁTRIA 51

6. A COLOCAÇÃO DE UM PODEROSO CONCEITO-OBSTÁCULO:
   A REGIÃO-PERSONAGEM 57

7. AS INTERSEÇÕES DE MÚLTIPLOS CONJUNTOS ESPACIAIS 65

8. O ESCAMOTEAMENTO DE UM PROBLEMA CAPITAL: A DIFERENCIAÇÃO DOS NÍVEIS DE ANÁLISE ESPACIAL 71

9. AS DIFERENTES ORDENS DE GRANDEZA E OS DIFERENTES NÍVEIS DA ANÁLISE ESPACIAL 81

10. AS ESTRANHAS CARÊNCIAS EPISTEMOLÓGICAS DA GEOGRAFIA UNIVERSITÁRIA 89

11. AUSÊNCIA DE POLÊMICA ENTRE GEÓGRAFOS. AUSÊNCIA DE VIGILÂNCIA A RESPEITO DA GEOGRAFIA 99

12. CONCEPÇÕES MAIS OU MENOS AMPLAS DA *GEOGRAFICIDADE*. UM OUTRO VIDAL DE LA BLACHE 107

13. HISTORIADORES QUE QUEREM "UMA GEOGRAFIA *MODESTA*" 115

14. OS GEÓGRAFOS UNIVERSITÁRIOS E O ESPECTRO DA GEOPOLÍTICA 121

15. MARX E O ESPAÇO "NEGLIGENCIADO" 133

16. DO DESENVOLVIMENTO DA GEOGRAFIA APLICADA À "NEW GEOGRAPHY" 145

17. PARA UMA GEOGRAFIA DAS CRISES 157

18. ESSES HOMENS E ESSAS MULHERES QUE SÃO "OBJETOS" DE ESTUDO 163

19. CRISE DA GEOGRAFIA DOS PROFESSORES 171

20. SABER PENSAR O ESPAÇO PARA SABER NELE SE ORGANIZAR, PARA SABER ALI COMBATER 177

21. OS GEÓGRAFOS, A AÇÃO E O POLÍTICO 191

22. ENSINAR A GEOGRAFIA 221

23. PARA PROGRESSOS DA REFLEXÃO GEOPOLÍTICA NA FRANÇA 233

APRESENTAÇÃO

Não se deve aceitar sem mais os termos usuais de um problema, escreveu em 1935 um conhecido filósofo. A atitude crítica implica, aqui, repropor, recriar a interrogação, pois não há uma pergunta que resida em nós e uma resposta que esteja nas coisas: a solução está também em nós e o problema reside também nas coisas. Há algo da natureza da interrogação que se transfere para a resposta. Yves Lacoste, neste livro, parece ter assimilado de forma notável esse ensinamento. Procurando interrogar a geografia, o saber geográfico e as práticas que o constituem ou implementam, Lacoste deixa de lado algumas velhas e renitentes questões e propõe outras.

A pergunta essencial, que perpassa todos os capítulos da obra e norteia seus conteúdos, é esta: para que serve a geografia? Ou, em outros termos, qual é a sua função social? Possui ela alguma outra utilidade que não seja a de dar aulas de geografia? (E, afinal, por que existem essas aulas?) Os termos usuais dessa problemática, como sabemos, costumam ser outros: o que é geografia? Ela é ou não uma ciência? Ao reelaborar essas questões, o autor evita o ardil positivista do "objeto específico de estudos" a ser delimitado – complementar àquele da cientificidade como *deus ex machina* dos dramas da Razão –, enveredando por um terreno mais profícuo: o da práxis dos geógrafos, do papel político-estratégico desse saber denominado geográfico.

A principal resposta que Lacoste fornece ao seu questionamento constitui o próprio título do livro: isto – a geografia – serve em primeiro lugar (embora não apenas) para fazer a guerra, ou seja, para fins políticomilitares sobre (e com) o espaço geográfico, para produzir/reproduzir esse espaço com vistas (e a partir) das lutas de classes, especialmente como exercício do poder. Ser ou não ser de fato uma ciência pouco importa, em última análise, argumenta o autor. O fundamental, a seu ver, é que, malgrado as aparências mistificadoras, os conhecimentos geográficos sempre foram, e continuam a ser, um saber estratégico, um instrumento de poder intimamente ligado a práticas estatais e militares. A geopolítica, dessa forma, não é uma caricatura e nem uma pseudogeografia; ela seria, na realidade, o âmago da geografia, a sua verdade mais profunda e recôndita.

Duas são as formas de geografia que existem hoje, na interpretação de Lacoste: aquela dos pesquisadores universitários e dos professores, das teses e monografias, das lições de sala de aula e dos livros didáticos – e também a "turística" dos meios de comunicação de massas e das enciclopédias (o autor não homogeneíza todas essas variadas modalidades de "geografia", mas apenas as coloca num mesmo lado dessa sua percepção binária); e aquela outra, a fundamental, praticada pelos estados-maiores, pelas grandes empresas capitalistas, pelos aparelhos de Estado. Esta última é a mais antiga, tendo surgido desde o advento dos primeiros mapas, que seriam provavelmente coevos da organização societária com o poder político instituído como Estado. E a "geografia dos professores" é mais recente, do século XIX, tendo sido engendrada especialmente para servir como discurso ideológico de mistificação do espaço, de "cortina de fumaça" para escamotear a importância estratégica de saber pensar o espaço e nele se organizar. Ao se dirigir de forma particular a estes últimos, aos pesquisadores universitários e professores de geografia, que são os interlocutores por excelência desta obra, Lacoste reitera insistentemente uma advertência: temos que assumir aquilo que sempre exorcizamos, isto é, nossa função de estrategistas, de saber pensar o espaço para nele agir mais eficientemente. Superar o viés ideológico da geografia, nesses termos, nada mais seria do que encetar uma "geopolítica dos dominados", um saber pensar o espaço na perspectiva de uma resistência popular contra a dominação.

Incorporar e primazar o político na abordagem geográfica: essa é, portanto, a grande proposição que este livro divulga e ilustra em filigranas praticamente a cada página. Mas não se trata da política e sim do político. Não o indivíduo que se ocupa profissionalmente dessa atividade e sim o processo, o fenômeno ou o enigma do político enquanto experiência fundante do social-histórico e, dessa forma, também do espacial (ao menos na sociedade moderna). A política sugere lugares teóricos ou fatos instituídos, com inteligibilidade pressuposta (temos o "espaço" da política com referência ao da economia, da ciência etc.), ao passo que o político pretende dar conta também do instituinte e do indeterminado, do poder como relação social que vai muito além das ideias, símbolos ou práticas engendradas com base no (ou com vistas ao) Estado e dos partidos políticos (sejam legais ou clandestinos). A razão de ser da geografia seria, então, a de melhor compreender o mundo para transformá-lo, a de pensar o espaço para que nele se possa lutar de forma mais eficaz.

Mas de que mundo se trata? Qual é a expressão ontológica desse espaço tematizado pela geografia? Apesar das implacáveis e pertinentes críticas que faz à escola geográfica francesa, neste ponto Lacoste se revela um herdeiro e continuador dessa tradição: a geograficidade (neologismo criado por analogia com historicidade), para ele, se define essencialmente com referência à cartografia e, de forma especial, à noção de escala. Assim como o grande pensador de Iena proclamava que tudo que é real é racional e tudo que é racional é real, pode-se dizer que, para Lacoste, o "real", o espaço geográfico, é tão somente aquilo que pode ser mapeado, colocado sobre a carta, delimitado, portanto, com precisão sobre o terreno e definido em termos de escala cartográfica. Temos aqui o aspecto nodal da metodologia lacosteana, o aproche a partir de onde esse geógrafo francês profere agudas críticas às referências espaciais de militantes políticos, historiadores, sociólogos e outros, mas que, paradoxalmente, permite revelar com clareza os limites dessas mesmas críticas e das propostas de análise que elas implicitamente encenam. Procurando construir uma rica estrutura conceitual que dê conta do espaço geográfico hodierno, sendo este visto por um prisma empírico-cartográfico, Lacoste exproba as ambiguidades de noções como "país", "região", "Norte-Sul", "centro-periferia", "imperialismo" e outras, e propõe como ponto de partida para redefinir tais problemas as ideias complementares de "espacialidade diferencial" e diferentes "ordens de grandeza", em termos de escala dos fenômenos espaciais.

Nesse ato de identificação do geográfico ao cartografável, contudo, acaba-se estreitando o campo do político e denegando importantes aspectos das relações de dominação. O corpo, os conflitos de gerações, os problemas da mulher e do feminismo, as classes sociais como autoconstituição pelas experiências de lutas: esses temas – e outros congêneres – estão, a princípio, interditados ao *métier* do geógrafo, conforme fica explícito na parte do livro onde o autor desanca aqueles que pretendem orientar uma geografia política em direção ao poder visto ao nível de relações não cartografáveis. Não se estaria assim condenando o geógrafo a somente estudar as aparências? Apesar da palavra dialética, que Lacoste utiliza neste e noutros livros, não seria essa uma opção de reservar à geografia apenas certos aspectos da realidade tal como ela pode ser entendida pela lógica identitária? É fora de dúvida que este é um trabalho (ou um ensaio-panfleto, na designação que lhe deu François Châtelet, aceita depois por Lacoste e incorporada à terceira edição francesa) polêmico, de denúncia e de chamamento à responsabilidade política. Inúmeras ideias poderiam ainda ser questionadas: a simplificação do papel social da "geografia dos professores", a não percepção das relações sujeito-objeto e da historicidade do saber e da prática na concepção demasiado ampla de geopolítica, a mitificação ou fetichismo das cartas elaboradas pelos poderes instituídos etc. Mas nenhum questionamento de tal ou qual aspecto da obra poderá anular os seus méritos, que são muitos e significativos. Trata-se seguramente de uma das mais importantes análises críticas feitas nas últimas décadas, no bojo da "crise da geografia", com ideias extremamente controversas, porém originais e instigantes. Em suma, um texto de leitura obrigatória para todos aqueles que se preocupam com a história dos conhecimentos geográficos, com o ensino da geografia, com o espaço enquanto dimensão material dos entrelaçados dispositivos de poder e de dominação.

A presente edição brasileira deste livro, nas atuais circunstâncias, é deveras oportuna. Devido a certas vicissitudes*, as ideias aqui expostas acabaram não conhecendo no Brasil a circulação e os debates que elas

---

* N.T.: Em 1976, a Iniciativas Editoriais, de Lisboa, adquiriu os direitos autorais para língua portuguesa desta obra e a publicou com o título *A geografia serve, antes de*

merecem. É certo que surgiu, por volta de 1978, uma "edição pirata" da obra, feita com base na tradução de Portugal; e também foram tiradas centenas ou milhares de cópias xerografadas de livros dessa edição, em face do interesse que o texto despertou. Mas isso tudo foi ainda insuficiente. A expectativa de uma nova edição tem sido grande, nos últimos anos, por parte de professores, pesquisadores e estudantes de geografia. E isso não só devido ao esgotamento dessas edições, a portuguesa e a "pirata", mas também por causa de alguns quiproquós interpretativos suscitados por essa tradução (ou, talvez, pelo próprio texto original de 1976, pois Lacoste reelaborou determinados pontos na segunda edição francesa de 1982, e principalmente na terceira e última até o momento, de 1985, admitindo, com a autocracia que só o engrandece, que alguns deles não estavam formulados corretamente na primeira edição).

Entre esses imbróglios que convém tentar desfazer, adquire especial relevo, pelo menos no contexto intelectual e político brasileiro, a leitura "marxista" dogmática das ideias aqui desenvolvidas. O próprio Lacoste não está completamente isento de culpa na medida em que, no texto de 1976, a par da marcada influência de Foucault (uma referência sem dúvida antípoda a qualquer forma de dogmatismo), existia igualmente certo flerte com Althusser. Na presente edição brasileira, com nova tradução feita a partir da edição francesa de 1985, pode-se avaliar com clareza que as reflexões do autor no sentido de aprimorar este trabalho acabaram distanciando cada vez mais suas ideias do althusserianismo, que afinal se constitui não somente numa certa leitura economicista de Marx, mas, e principalmente, numa prática política caracteristicamente stalinista**. Procurando enfatizar o político, as relações de poder, as estratégias que no seu entrechoque

---

    mais, para fazer a guerra. A tiragem de 3 mil exemplares, de fevereiro de 1977, se esgotou rapidamente (alguns foram comercializados no Brasil): no entanto, a editora nunca chegou a reimprimir o livro porque entrou em falência. Assim, durante cerca de dez anos, os direitos autorais para o idioma português ficaram amarrados à massa falida dessa empresa.

** N.T.: O excelente livro do historiador inglês (um renovador na tradição marxista) E.P. Thompson – *A miséria da teoria* (Zahar, 1981, 232 páginas) constitui uma minuciosa demonstração dos equívocos teóricos de Althusser e discípulos, bem como do stalinismo aí presente.

(re)instituem permanentemente o social e o espacial, Lacoste adverte que é necessário recusar o primado do econômico, recusando *ipso facto* os rígidos conceitos prefixados e a percepção teleológica do processo histórico. O autor se serve de Marx – como também de Foucault, de Clausewitz e até de Lefort (cuja leitura pode ser deduzida em especial na questão do político) –, mas sem cair no dogmatismo, na exegese de textos (ou conceitos) sagrados.

Há cerca de dez anos, quando este trabalho na sua versão primeira circulou entre nós, geógrafos brasileiros, vivenciávamos então um confronto entre tradicionalistas e adeptos de uma geografia nova ou crítica. As ideias lacosteanas, bem ou mal, por via direta ou, principalmente e infelizmente, indireta (por intermédio de obras que reelaboraram suas ideias, em geral por uma ótica economista e dogmática, e acabaram preenchendo o vácuo deixado pelo esgotamento do livro e sua não reedição em português), desempenharam um importante papel de fomento da renovação, de subsídios para a crítica da geografia tradicional e tentativas de construção de um saber geográfico comprometido com as lutas sociais por uma sociedade mais justa e democrática. Já esta nova edição da obra vem encontrar a geografia brasileira noutra situação, num momento em que a polêmica geografia tradicional *versus* geografia crítica vai paulatinamente cedendo terreno às disputas no interior mesmo desta(s) última(s). À medida que se desenvolve e ganha espaços, a geografia nova ou crítica se revela cada vez mais como plural. Há aqueles que procuram reduzir o discurso geográfico a uma "instância" do marxismo-leninismo (e stalinismo): apenas se acrescenta, sem grandes reflexões filosóficas, a palavra "espaço" aos conceitos já institucionalizados – formação econômico-social, modo de produção, classes sociais definidas pela produção, imperialismo, ideologia como mistificação etc. – e, abracadabra, já se tem a "ciência do espaço" no interior do materialismo histórico entendido de forma mecanicista e até positivista. Mas há também aqueles que recusam a supervalorização de sistemas e conceitos, que procuram apreender o real em seu movimento – com a ajuda de textos clássicos, inclusive de Marx, mas sem mitificá-los –, o que vale dizer que esse real não é tomado como pretexto para se ilustrar a teoria "revolucionária" já pronta, mas sim que sua natureza "viva" ou histórica determina uma recriação constante das expressões teóricas. É com estes últimos que esta obra que temos em mãos deverá se identificar mais. Porque ela é uma obra "aberta" no sentido de "ao pensar, dar a pensar", no sentido de não apresentar ao leitor um sistema fechado e fruto de uma pretensa "iluminação" (qualquer que seja a forma pela qual ela se consubstancie: pelos debates no "coletivo" do partido, pela representação da "comunidade" de interessados etc.), e sim de deixar às vistas os próprios rastros de seu caminho.

Cabe agora a nós, leitores, examinar este livro com espírito crítico, mas livre de preconceitos ou prejulgamentos, com o espírito de se acercar da obra não como alguém que contempla uma teoria acabada e determinada e sobre ela sentencia, mas sim como quem mergulha nos resultados (provisórios, mas importantes) e no percurso (tortuoso, é certo) de um trabalho de reflexão que constitui fruto de toda uma vida de pesquisa e docência em geografia, de debates e trocas de experiências com colegas de múltiplas tendências, com alunos, com setores populares, com militantes, políticos da esquerda. Enfim, uma expressão teórica originária de uma experiência de vida com a qual grande parte de nós poderá se identificar, *mutatis mutandis* e que por esse motivo nos ensinará muito, inclusive naqueles pontos em que estivermos em desacordo.

José William Vesentini

A PROPÓSITO DA TERCEIRA EDIÇÃO

Quando este pequeno livro surgiu em 1976, houve um belo escândalo na corporação dos geógrafos universitários, um escândalo tão grande que muitos deles se asfixiavam de indignação: foi o caso, por exemplo, daquele que dava as cartas no Collège de France, e que, estando na época encarregado da crônica mensal de geografia do *Le Monde*, escrevia nas colunas desse jornal que ele se recusava a tomar conhecimento desse "pequeno livro azul" (de fato sua capa era azul), por lhe parecer terrível o que ali se podia ler. Se houve poucas resenhas nas diversas revistas de geografia, as intenções implícitas nos corredores eram claras: venenosas e triunfantes entre aqueles que já não tinham simpatia por mim (desde minha geografia do subdesenvolvimento); incrédulas e constrangidas por parte de meus amigos. Por causa disso perdi muitos amigos, entre os quais um dos mais estimados e antigos, apesar de meus esforços para dissipar os mal-entendidos.

É que, para essa corporação aparentemente serena, mas no fundo bastante complexada, tão pouco afeita à reflexão epistemológica, mas tão ansiosa de ser reconhecida como ciência, esse pequeno livro dizia coisas de tal forma chocantes e provocava um tal mal-estar que o significado de seu título foi, voluntariamente e/ou involuntariamente, deformado: em lugar de ler "a geografia, isso serve, em primeiro lugar, para fazer a guerra", subentendido: isso serve, também, para outras coisas (e isso está sobejamente claro no texto) quiseram provar, à exaustão, que Lacoste, geógrafo levado por não se sabe que tipo de delírio masoquista ou suicida, tinha proclamado que a geografia servia somente para fazer a guerra. Era, para certos indivíduos, um meio cômodo de tentar desqualificá-lo facilmente; outros reduziam o alcance do livro àquilo que os havia mais surpreendido e causado mal-estar, pois era difícil refutá-lo. Com exceção de alguns, os marxistas geógrafos (aqueles para os quais o discurso marxista tem mais importância do que o raciocínio geográfico) não foram os últimos a condenar... em nome da ciência.

Se esse título escandalizou os geógrafos, ele encantou, em contrapartida, todos aqueles – e eles são numerosos – que, desde o curso secundário, conservam uma péssima lembrança da geografia e sobretudo os historiadores, porque eles tiveram de "fazer geografia" contrariados e forçados, para obter a licença ou para se submeter à *agrégation**; a lembrança dos cortes geológicos lhes dá um gosto de vingança. Para todos esses, mormente se são "de esquerda" e compartilham suas tradições antimilitaristas, se um geógrafo vem proclamar que a geografia é basicamente uma questão de forças armadas, isto vem a ser a prova de que essa disciplina, que eles já consideravam como imbecil, fosse, no fundo, bem maléfica. Para eles era, portanto, um novo motivo, e excelente, de reduzir ainda mais a audiência.

Contudo, não houve na seara dos historiadores maior número de resenhas que entre os geógrafos. De fato, aqueles que haviam se rejubilado de início com o título, descobriam sem dúvida, ao ler o livro, que o mecanismo da geografia é socialmente bem mais importante do que eles queriam pensar e que a crítica que se fazia do discurso tradicional dos geógrafos era, com efeito, o meio de mostrar a utilidade fundamental de verdadeiros raciocínios geográficos, não somente para os militares, mas também para o conjunto dos cidadãos, sobretudo quando eles precisam se defender.

---

* N.T.: *Agrégation* é, na França, um concurso que dá um título de ordem profissional, o *agrégé*, título este que não encontra correspondência no Brasil. O título de *agrégé* é altamente conceituado no país e há necessidade de diploma universitário, licenciatura na disciplina concernente e estágio comprovado em liceu. Após a obtenção do título, o *agrégé* se obriga a ensinar durante cinco anos em liceu.

Em revanche, este livro interessou aos jornalistas – mesmo que tenha sido somente em razão do seu gosto pela novidade – e foi, em grande parte, graças a eles, que foi lido por um grande número de pessoas, não somente estudantes, mas também sindicalistas, militantes; não somente na França, mas também nos países em que a vida política não repousa em bases democráticas. Foram impressos 24 mil exemplares – e ele foi abundantemente fotocopiado.

A segunda edição (1982) apareceu com um volumoso posfácio. Realmente parecia-me útil republicar o texto inicial, mas também dizer sobre que pontos minha maneira de ver tinha se tornado diversa daquela de alguns anos atrás. É para mim uma regra deontológica, embora ela seja muito raramente aplicada no domínio das ciências sociais.

Para esta terceira edição que aparece na Série Fondations eu preferi, finalmente, reintegrar ao texto inicial diferentes partes do prefácio de 1982 e novas proposições, lembrando contudo quais haviam sido meus pontos de vista anteriores. Eu acredito ser oportuno juntar no fim desta obra três textos recentes que me parecem úteis. Com efeito, muitas coisas se agitam agora entre os geógrafos.

Quando eu escrevi este livro, em 1976, começava a aparecer *Hérodote*, a revista que eu pude criar, graças ao apoio de François Maspero. A número 1, hoje não mais encontrada, foi, de fato, o primeiro escândalo que abalou a corporação dos geógrafos universitários, em primeiro lugar devido ao subtítulo que indica as orientações da revista: Estratégias – Geografias – Ideologias. Que escândalo confrontar a geografia não à ciência e aos seus critérios, mas às estratégias e ideologias! Também escândalo para os historiadores que geógrafos se apoderem do "pai da história", no Ocidente. Mas Heródoto é também o primeiro verdadeiro geógrafo e ele não escreveu uma história mas sim uma *enquête* sobre os países com os quais Atenas mantinha relações ou estava em conflito.

Esse primeiro número de *Hérodote* se iniciava com um manifesto editorial estardalhante redigido pelos jovens membros do secretariado da revista *Atenção Geografia!*. Volta-se a lê-lo com interesse.

Foi porque nesse primeiro número muito se disse, mas não o bastante, que me pareceu necessário escrever este livro o mais depressa possível.

Mas desde então as ideias continuaram a progredir no seio do pequeno grupo que anima a revista, desde suas origens: Béatrice Giblin, Michel Foucher, Maurice Ronai, Michel Korinman.

Hérodote continua a existir em 1985: 35 números foram publicados, cada qual centrado num tema preciso. Desde 1983, a revista aparece com o subtítulo Revista de Geografia e de Geopolítica, o que explicita suas orientações iniciais que não mudaram na essência. Os geógrafos têm coisas a dizer em geopolítica.

Enquanto cada um no meio das ciências sociais reclama de uma interdisciplinaridade que é uma forma de se esquivar dos problemas epistemológicos específicos dos diferentes saberes, *Hérodote* fala da geografia e mostra o papel que podem ter os geógrafos. É também a única revista de geografia na qual regularmente escrevem cientistas políticos, sociólogos, orientalistas, historiadores, antropólogos, filósofos, urbanistas... e ela não é somente lida por geógrafos, mas também por todos aqueles que começam a se interessar pelo raciocínio geográfico.

Hérodote se tornou, ao menos em volume de tiragem, a mais importante revista francesa de geografia e me é agradável lembrar que ela foi (e ainda o é, em grande parte) a expressão das reflexões concernentes à geografia de um pequeno grupo da Universidade de Vincennes (hoje Paris – VIII) que nasceu dos fatos de Maio 68. Nos seus primeiros anos, Vincennes foi, sem dúvida, um local de tumultos e de desordem, mas também (esquece-se bastante) um lugar de debates estimulantes e de discussões inovadoras entre os professores de diversas disciplinas, militantes de tendências mais ou menos antagônicas da esquerda e da extrema-esquerda, jovens que acabavam de sair do secundário, trabalhadores que nunca estiveram nos colégios, estudantes avançados que haviam obtido seus diplomas em outras universidades e que tinham vindo a Vincennes para ali encontrar outra coisa! Entre estes últimos, os estudantes de história eram muito críticos em relação à geografia, sobretudo por causa do discurso sistematicamente apolítico que lhes havia sido transmitido até então, e foram, no entanto, alguns deles que se interessaram por essa disciplina, a ponto de consagrar a ela o essencial de suas reflexões, após eu ter lhes mostrado ser a geografia menos imbecil do que parecia.

Sem dúvida, a geografia se mostra burra, e é necessário dizê-lo. Mas só se vê uma parte e, tal como os grandes *icebergs* em que o essencial está imerso, é preciso tomar cuidado: ela serve para fazer a guerra, para organizar os homens, mas tenta mostrar quais foram os desígnios da natureza – de Deus? Estratégias, ideologias: são os dois eixos deste livro e da reflexão da *Hérodote* para procurar compreender as funções desse saber enorme, e aparentemente tão insignificante, que é a geografia. Reflexão irreverente – mas não só isso: uma vez que se ousou dizer que o rei está nu, falta explicar por que ele é rei, apesar de tudo.

Na capa deste livro, o símbolo da revista, o ingênuo Heródoto, visto pelo talento impertinente de Wiaz. Ele empunha um instrumento anacrônico e um tanto quanto esdrúxulo: um revólver munido de um silenciador, a Terra, e o olhar de Heródoto é inquietante, pois ele observa coisas que os outros não veem.

1
UMA DISCIPLINA SIMPLÓRIA E ENFADONHA?

Todo mundo acredita que a geografia não passa de uma disciplina escolar e universitária, cuja função seria a de fornecer elementos de uma descrição do mundo, numa certa concepção "desinteressada" da cultura dita geral... Pois, qual pode ser de fato a utilidade dessas sobras heteróclitas das lições que foi necessário aprender no colégio? As regiões da bacia parisiense, os maciços dos Pré-Alpes do Norte, a altitude do Monte Branco, a densidade de população da Bélgica e dos Países Baixos, os deltas da Ásia das Monções, o clima bretão, longitude-latitude e fusos horários, os nomes das principais bacias carboníferas da URSS e os dos grandes lagos americanos, a têxtil do Norte (Lille-Roubaix-Tourcoing) etc. E os avós a lembrar que outrora era preciso saber "seus" departamentos, com suas circunscrições eleitorais e subcircunscrições. Tudo isso serve para quê?

Uma disciplina maçante, mas antes de tudo simplória, pois, como qualquer um sabe, "em geografia nada há para entender, mas é preciso ter memória...". De qualquer forma, após alguns anos, os alunos não querem mais ouvir falar dessas aulas que enumeram, para cada região ou para cada país, relevo – clima – vegetação – população – agricultura – cidades – indústrias.

Nos colégios se tem de tal forma "as medidas cheias" da geografia que, sucessivamente, dois ministros da Educação (e entre eles, um geógrafo!) chegaram a propor a liquidação dessa velha disciplina "livresca, hoje ultrapassada" (como se se tratasse de uma espécie de latim). Outrora, talvez, ela tenha servido para qualquer coisa, mas hoje a televisão, as revistas, os jornais não apresentam melhor todas as regiões na onda da atualidade, e o cinema não mostra bem mais as paisagens?

Na universidade, onde contudo se ignoram as "dificuldades pedagógicas" dos professores de história e de geografia do secundário, os mestres mais avançados constatam que a geografia conhece "certo mal-estar"; um dos reitores da corporação declara, não sem solenidade, que ela "entrou na era dos quebras[1]". Quanto aos jovens mandarins que se lançam na epistemologia, eles chegam a ousar questionar se a geografia é mesmo uma ciência, se esse acúmulo de elementos do conhecimento "emprestados" da geologia, da economia política ou da pedologia, se tudo isso pode pretender constituir uma verdadeira ciência, autônoma, de corpo inteiro.

Mas que diabo, dirão todos aqueles que não são geógrafos, não há problemas mais urgentes a serem discutidos além dos mal-estares da geografia ou, em termos mais expeditos, "a geografia, não temos nada a ver com ela...", pois isso não serve para nada.

A despeito das aparências cuidadosamente mantidas, de que os problemas da geografia só dizem respeito aos geógrafos, eles interessam, em última análise, a todos os cidadãos. Pois, esse discurso pedagógico que é a geografia dos professores, que parece tanto mais maçante quanto mais a *mass media* desvenda seu espetáculo do mundo, dissimula, aos olhos de todos, o temível instrumento de poderio que é a geografia para aqueles que detêm o poder.

Pois, a geografia serve, em princípio, para fazer a guerra. Para toda ciência, para todo saber deve ser colocada a questão das premissas epistemológicas; o processo científico está ligado a uma história e deve ser encarado, de um lado, nas suas relações com as ideologias, de outro, como

---

1. André Meynier, *História do pensamento geográfico na França*, PUF, 1969.

prática ou como poder. Colocar como ponto de partida que a geografia serve, primeiro, para fazer a guerra não implica afirmar que ela só serve para conduzir operações militares; ela serve também para organizar territórios, não somente como previsão das batalhas que é preciso mover contra este ou aquele adversário, mas também para melhor controlar os homens sobre os quais o aparelho de Estado exerce sua autoridade. A geografia é, de início, um saber estratégico estreitamente ligado a um conjunto de práticas políticas e militares e são tais práticas que exigem o conjunto articulado de informações extremamente variadas, heteróclitas à primeira vista, das quais não se pode compreender a razão de ser e a importância, se não se enquadra no bem fundamentado das abordagens do saber pelo saber. São tais práticas estratégicas que fazem com que a geografia se torne necessária, ao chefe supremo, àqueles que são os donos dos aparelhos do Estado. Trata-se de fato de uma ciência? Pouco importa, em última análise: a questão não é essencial, desde que se tome consciência de que a articulação dos conhecimentos relativos ao espaço, que é a geografia, é um saber estratégico, um poder.

A geografia, enquanto descrição metodológica dos espaços, tanto sob os aspectos que se convencionou chamar "físicos", como sob suas características econômicas, sociais, demográficas, políticas (para nos referirmos a certo corte do saber), deve absolutamente ser recolocada, como prática e como poder, no quadro das funções que exerce o aparelho de Estado, para o controle e a organização dos homens que povoam seu território e para a guerra.

Muito mais que uma série de estatísticas ou que um conjunto de escritos, a carta é a forma de representação geográfica por excelência; é sobre a carta que devem ser colocadas todas as informações necessárias para a elaboração de táticas e de estratégias. Tal formalização do espaço, que é a carta, não é nem gratuita, nem desinteressada: meio de dominação indispensável, de domínio do espaço, a carta foi, de início, criada por oficiais e para os oficiais. A produção de uma carta, isto é, a conversão de um concreto mal conhecido em uma representação abstrata, eficaz, confiável, é uma operação difícil, longa e onerosa, que só pode ser realizada pelo aparelho de Estado e para ele. A confecção de uma carta implica certo domínio político e matemático do espaço representado, e é um instrumento de poder sobre esse espaço e sobre as pessoas que ali vivem.

A geografia 23

Não é de estranhar que ainda hoje um número bem grande de mapas e, sobretudo, de cartas em escala grande, bastante detalhadas, aquelas que são chamadas correntemente de "cartas do estado-maior", tenham surgido do segredo militar em vários países. É particularmente o caso dos Estados comunistas.

Se a geografia serve, em princípio, para fazer a guerra e para exercer o poder, ela não serve só para isso: suas funções ideológicas e políticas, pareçam ou não, são consideráveis: é no contexto da expansão do pangermanismo (os imperialismos francês e inglês se desenvolveram mais cedo, em ambientes intelectuais diferentes) que Friedrich Ratzel (1844-1904) realizou a obra, que, ainda hoje, influencia consideravelmente a geografia humana; sua antropogeografia está estreitamente ligada à sua geografia política. Retomando inúmeros conceitos ratzelianos, tal como o do *lebensraum* (espaço vital) e os dos geógrafos americanos e britânicos (como Mackinder), o general geógrafo Karl Haushofer (1869-1946) dá, em seguida à Primeira Guerra Mundial, um impulso decisivo à geopolítica. Sem dúvida, numerosos geógrafos considerarão que é a última incongruência estabelecer uma aproximação entre sua geografia "científica" e o empreendimento do general, estreitamente ligado aos dirigentes do Partido Nacional-socialista. A geopolítica hitleriana foi a expressão, a mais exacerbada, da função política e ideológica que pode ter a geografia. Pode-se mesmo perguntar se a doutrina do *Führer* não teria sido largamente inspirada pelos raciocínios de Haushofer, de tal forma foram estreitas as suas relações, particularmente a partir de 1923-1924, época em que Adolf Hitler redigiu *Mein Kampf*, na prisão de Munique.

De 1945 para cá, não é mais de bom tom fazer referências à geopolítica. Contudo, de uma forma mais direta, as estratégias das grandes potências continuam o gênero de pesquisa que os institutos de geopolítica de Munique e de Heidelberg haviam empreendido. Particularmente nos Estados Unidos, essa tarefa é de pessoas que trabalharam sob orientações de homens como Henry Kissinger (ele fez seus primeiros estudos na qualidade de historiador; mas sua tese gira, já nessa altura, sobre uma discussão geopolítica por excelência: o Congresso de Viena). Hoje, mais do que nunca, são argumentos de tipo geográfico que impregnam o essencial do discurso político, quer se refiram aos problemas "regionalistas", ou sobre os que giram, no âmbito planetário, em torno de "centro" e "periferia", do "Norte" e do "Sul".

Mas a geografia não serve somente para sustentar, na onda de seus conceitos, qualquer tese política, indiscriminadamente. Na verdade, a função ideológica essencial do discurso da geografia escolar e universitária foi, sobretudo, a de mascarar, por procedimentos que não são evidentes, a utilidade prática da análise do espaço, sobretudo para a condução da guerra, como ainda para a organização do Estado e a prática do poder. É sobretudo quando ele parece "inútil" que o discurso geográfico exerce a função mistificadora mais eficaz, pois a crítica de seus objetivos "neutros" e "inocentes" parece supérflua. A sutileza foi a de ter passado um saber estratégico militar e político como se fosse um discurso pedagógico ou científico perfeitamente inofensivo. Nós veremos que as consequências dessa mistificação são graves. É o porquê de ser particularmente importante afirmar que a geografia serve, em primeiro lugar, para fazer a guerra, isto é, desmascarar uma de suas funções estratégicas essenciais e desmontar os subterfúgios que a fazem passar por simplória e inútil.

Dizer que a geografia serve antes de tudo à guerra e ao exercício do poder não significa lembrar as origens históricas do saber geográfico. A expressão antes de tudo deve ser entendida aqui, mas não no sentido de "para começar, outrora..." mas no sentido de, "em primeiro lugar, hoje...". A rigor, os geógrafos universitários consentem em evocar, da boca para fora, o papel de uma espécie de "geografia primitiva" (Alain Reynaud) na época em que o saber estabelecido pela geografia do rei estava destinado não aos jovens alunos ou a seus futuros professores, mas aos chefes de guerra e àqueles que dirigem o Estado. Mas os universitários de hoje consideram, todos, quaisquer que sejam suas tendências ideológicas, que a verdadeira geografia, a geografia científica (o saber pelo saber), a única digna de se falar, só aparece no século XIX, com os trabalhos de Alexandre von Humboldt (1769-1859) e com os de seus sucessores nessa famosa Universidade de Berlim, criada por seu irmão, homem de primeiro plano do Estado prussiano.

Na verdade, a geografia existe há muito mais tempo, não importa o que dizem os universitários: as "grandes descobertas" não seriam, talvez, geografia? E as descrições dos geógrafos árabes da Idade Média, também não?

A geografia 25

A geografia existe desde que existem os aparelhos de Estado, desde Heródoto (por exemplo, para o mundo "ocidental"), que em 446 antes da era cristã não conta uma história (ou histórias), mas procede a uma verdadeira *enquête* (é o título exato de sua obra) em função das finalidades do "imperialismo" ateniense.

De fato, foi somente no século XIX que apareceu o discurso geográfico escolar e universitário, destinado, no que tinha de essencial (ao menos estatisticamente), a jovens alunos. Discurso hierarquizado em função dos graus da instituição escolar, com seu coroamento sábio, a geografia na sua feição de ciência é "desinteressada". Sem dúvida, foi somente no século XIX que apareceu a geografia dos professores, que foi apresentada como a geografia, a única da qual convém falar.

Desde essa época, a geografia dos oficiais, para se fazer discreta, não deixa contudo de existir com um pessoal especializado, cujo número não é desprezível, com seus meios que se tornaram consideráveis (os satélites), seus métodos, e ela continua a ser como há séculos, um temível instrumento de poder. Esse conjunto de representações cartográficas e de conhecimentos bem variados, visto em sua relação com o espaço terrestre e nas diferentes formas de práticas do poder, forma um saber claramente percebido como estratégico por uma minoria dirigente, que a utiliza como instrumento de poder. À geografia dos oficiais decidindo com o auxílio das cartas a sua tática e a sua estratégia, à geografia dos dirigentes do aparelho de Estado, estruturando o seu espaço em províncias, departamentos, distritos, à geografia dos exploradores (oficiais, frequentemente) que prepararam a conquista colonial e a "valorização" se anexou a geografia dos estados-maiores, das grandes firmas e dos grandes bancos que decidem sobre a localização de seus investimentos em plano regional, nacional e internacional. Essas diferentes análises geográficas, estreitamente ligadas a práticas militares, políticas, financeiras, formam aquilo que se pode chamar "a geografia dos estados-maiores", desde os das forças armadas até os dos grandes aparelhos capitalistas.

Mas essa geografia dos estados-maiores é quase completamente ignorada por todos aqueles que não a executam, pois suas informações permanecem confidenciais ou secretas.

Hoje, mais do que nunca, a geografia serve, antes de tudo, para fazer a guerra. A maioria dos geógrafos universitários imagina que, após a confecção de cartas relativamente precisas para todos os países, para todas as regiões, os militares não têm mais necessidade de recorrer a esse saber que é a geografia, aos conhecimentos disparatados que ela reúne (relevo, clima, vegetação, rios, repartição da população etc.). Nada é mais falso. Primeiro porque as "coisas" se transformam rapidamente: se a topografia só evolui muito lentamente, a implantação das instalações industriais, o traçado das vias de circulação, as formas do *habitat* se modificam a um único ritmo bem mais rápido e é preciso levar em consideração essas transformações para estabelecer as táticas e as estratégias.

De outro lado, a elaboração de novos métodos de guerra implica uma análise bem precisa das combinações geográficas, das relações entre os homens e as "condições naturais" que se trata justamente de destruir ou modificar para tornar tal região imprópria à vida, ou para encetar um genocídio.

A guerra do Vietnã forneceu numerosas provas de que a geografia serve para fazer a guerra da maneira mais global, mais total. Um dos exemplos mais célebres e mais dramáticos foi a execução, em 1965, 1966, 1967 e sobretudo em 1972 de um plano de destruição sistemática da rede de diques que protegem as planícies densamente povoadas do Vietnã do Norte: elas são atravessadas por rios caudalosos, com terríveis cheias que escoam não por vales mas, ao contrário, sobre elevações, terraços, que são formados por seus aluviões. Esses diques cuja importância é, de fato, absolutamente vital, não poderiam ter sido objeto de bombardeamentos maciços, diretos e evidentes, pois a opinião pública internacional ali teria visto a prova da perpetração de um genocídio. Seria preciso, portanto, atacar essa rede de diques, de forma precisa e discreta, em certos locais essenciais para a proteção de alguns 15 milhões de homens que vivem nessas pequenas planícies, cercadas por montanhas. Era necessário que esses diques se rompessem nos lugares em que a inundação teria as mais desastrosas consequências[2].

---

2. Ver *Hérodote* n.1, 1976: "*Enquête* sobre o bombardeamento de diques do rio Vermelho (Vietnã, verão 1972)", ou *Unidade e diversidade do terceiro mundo*, 1984, pp. 300-348.

A escolha dos locais que era preciso bombardear resulta de um raciocínio geográfico, comportando vários níveis de análise espacial. Em agosto de 1972, foi pela elaboração de um conjunto de raciocínios e de análises que são especificamente geográficas que eu pude demonstrar, sem ter sido contraditado, a estratégia e a tática que o Estado-maior americano executava contra os diques. Se foi um procedimento geográfico que permitiu desmascarar o Pentágono, isso se deu exatamente porque sua estratégia e sua tática se alicerçavam essencialmente sobre uma análise geográfica. Coube a mim reconstituir, com base em dados eminentemente geográficos, o raciocínio elaborado para o Pentágono por outros geógrafos ("civis" ou de uniforme, pouco importa).

O plano de bombardeamento dos diques do delta do rio Vermelho não deve ser considerado como um cometimento excepcional, aproveitando condições geográficas muito particulares mas, bem ao contrário, como uma operação que decorre de uma estratégia de conjunto: a "guerra geográfica", que foi executada maciçamente na Indochina e, sobretudo, no Vietnã do Sul durante mais de dez anos. Ela foi conduzida com uma combinação de meios poderosos e variados. Essa estratégia foi, frequentemente, cognominada "guerra ecológica" – sabe-se que a ecologia é um termo em moda. Mas é de fato à geografia que se deve referir, pois não se trata somente de destruir ou de transformar relações ecológicas; trata-se de modificar bem mais amplamente a situação em que vivem milhares de homens.

De fato, não se trata somente de destruir a vegetação para obter resultados políticos e militares, de transformar a disposição física dos solos, de provocar voluntariamente novos processos de erosão, de desviar certas redes hidrográficas para modificar a profundidade do lençol freático (para drenar os poços e os arrozais), de destruir os diques: trata-se de modificar radicalmente a repartição espacial do povoamento praticando, por meios vários, uma política de reagrupamento nos "*hameaux**" estratégicos" e a

---

* N.T.: *Hameaux* – uma pequena concentração de casas, distanciadas da paróquia aldeã, localizadas em área de habitar disperso, na *campagne* francesa. Pela sua gênese, não tem correspondência com o nosso bairro rural.

urbanização forçada. Essas ações destrutivas não representam somente a consequência involuntária da enormidade dos meios de destruição executados hoje, sobre um determinado número de objetivos, pela guerra tecnológica e industrial.

Elas são ainda o resultado de uma estratégia deliberada e minuciosa, na qual os diferentes elementos são cientificamente coordenados, no tempo e no espaço.

A guerra da Indochina marca, na história da guerra e da geografia, uma nova etapa: pela primeira vez, métodos de destruição e de modificação do meio geográfico conjuntamente nos seus aspectos "físicos" e "humanos" foram executados para suprimir as condições geográficas indispensáveis à vida de várias dezenas de milhões de homens.

A guerra geográfica, com métodos diferentes segundo os locais, pode ser executada em todos os países.

Afirmar que a geografia serve fundamentalmente para fazer a guerra não significa somente que se trata de um saber indispensável àqueles que dirigem as operações militares. Não se trata unicamente de deslocar tropas e seus armamentos uma vez já desencadeada a guerra: trata-se também de prepará-la, tanto nas fronteiras como no interior, de escolher a localização das praças fortes e de construir várias linhas de defesa, de organizar as vias de circulação. "O território com seu espaço e sua população não é unicamente a fonte de toda força militar, mas ele faz também parte integrante dos fatores que agem sobre a guerra, nem que seja só porque ele constitui o teatro das operações...", escreveu Carl von Clausewitz (1780-1831), sobre o qual Lenin pôde dizer que era "um dos escritores militares mais profundos... um escritor cujas ideias fundamentais se tornaram hoje o bem de todo pensador". O livro de Clausewitz, *Da guerra*, pode e deve ser lido como um verdadeiro livro de "geografia ativa".

Vauban (1633-1707) não foi somente um dos mais célebres construtores de fortificações; foi também um dos melhores geógrafos de seu tempo, um daqueles que melhor conheceu o reino, particularmente no plano das estatísticas e das cartas; sua ideia de "dízimo real" traduz uma concepção global do Estado que ele precisava reorganizar. Vauban aparece como um dos primeiros teóricos e praticantes, na França, daquilo que hoje

A geografia 29

se chama de *aménagement*** do território. Preparar-se para a guerra, seja para a luta contra outros aparelhos de Estado, como para a luta interna contra aqueles que se colocam em causa do poder, ou querem dele se apossar, é organizar o espaço de maneira a ali poder agir do modo mais eficaz possível.

Em nossos dias, a abundância de discursos que se referem ao *aménagement* do território em termos de harmonia, de melhores equilíbrios a serem encontrados, serve sobretudo para mascarar as medidas que permitem às empresas capitalistas, principalmente às mais poderosas, aumentar seus benefícios. É preciso perceber que o *aménagement* do território não tem como único objetivo o de maximizar o lucro, mas também o de organizar estrategicamente o espaço econômico, social e político, de tal forma que o aparelho de Estado possa estar em condições de abafar os movimentos populares. Se isso é bem pouco nítido nos países há muito industrializados, os planos de organização do espaço são manifestamente bastante influenciados pelas preocupações policiais e militares nos Estados em que a industrialização é um fenômeno recente e rápido.

É importante hoje, mais do que nunca, estar atento a essa função política e militar da geografia que é sua desde o início. Nos dias atuais, ela se amplia e apresenta novas formas, por força não só do desenvolvimento dos meios tecnológicos de destruição e de informação, como também em função dos progressos do conhecimento científico.

** N.T.: *Aménagement* do território, como aparece no texto, é arranjar de novo (rearranjar) uma área (na cidade, no campo, em termos de localização industrial, de circulação etc.), com planejamento prévio feito por cientistas e técnicos.

2
DA GEOGRAFIA DOS PROFESSORES
AOS *ÉCRANS* DA GEOGRAFIA-ESPETÁCULO

Desde o fim do século XIX pode-se considerar que existem duas geografias:

- Uma, de origem antiga, a geografia dos Estados-maiores, é um conjunto de representações cartográficas e de conhecimentos variados referentes ao espaço; esse saber sincrético é claramente percebido como eminentemente estratégico pelas minorias dirigentes que o utilizam como instrumento de poder.

- A outra geografia, a dos professores, que apareceu há menos de um século, se tornou um discurso ideológico no qual uma das funções inconscientes é a de mascarar a importância estratégica dos raciocínios centrados no espaço. Não somente essa geografia dos professores é extirpada de práticas políticas e militares como de decisões econômicas (pois os professores nisso não têm participação), mas ela dissimula, aos olhos da maioria, a eficácia dos instrumentos de poder que são as análises espaciais. Por causa disso, a minoria no poder tem consciência de sua importância, é a única a utilizá-las em função dos seus próprios interesses e esse monopólio do saber é bem mais eficaz porque a maioria não dá nenhuma atenção a uma disciplina que lhe parece tão perfeitamente "inútil".

Desde o fim do século XIX, primeiro na Alemanha e depois sobretudo na França, a geografia dos professores se desdobrou como discurso pedagógico de tipo enciclopédico, como discurso científico, enumeração de elementos de conhecimento mais ou menos ligados entre si pelos diversos tipos de raciocínios, que têm todos um ponto comum: mascarar sua utilidade prática na conduta da guerra ou na organização do Estado.

Entre, de um lado, as lições dos manuais escolares, o resumo ditado pelo mestre, o curso de geografia na universidade (que serve para formar futuros professores) e, de outro lado, as diversas produções científicas ou o amplo discurso que são as "grandes" teses de geografia, existem, evidentemente, diferenças: as primeiras se situam ao nível da reprodução de elementos de conhecimentos mais ou menos numerosos, enquanto as segundas correspondem a uma produção de ideias científicas e informações novas – seus autores não imaginando, na maioria das vezes, o tipo de utilização que poderá ser feito. Eles veem os seus trabalhos por excelência como um saber pelo saber e nem se pense em perguntar numa tese de geografia para o que, para quem todos esses conhecimentos acumulados poderiam servir (aos que estão no poder). Mas essas teses e essas produções científicas só são lidas por uma pequena minoria e seu papel social é bem menor que o dos cursos, das lições e dos resumos.

Também não se pode julgar a função ideológica da geografia dos professores levando-se em consideração apenas suas produções mais brilhantes ou as mais elaboradas. Socialmente, apesar do seu caráter elementar caricatural ou insignificante, as lições aprendidas no livro de geografia, os resumos ditados pelo mestre, tais reproduções caricaturais e mutilantes têm uma influência consideravelmente maior, porque tudo isso contribui para influenciar permanentemente, desde sua juventude, milhões de indivíduos. Essa forma socialmente dominante da geografia escolar e universitária, na medida em que ela enuncia uma nomenclatura e que inculca elementos de conhecimento enumerados sem ligação entre si (o relevo – o clima – a vegetação – a população...), tem o resultado não só de mascarar a trama política de tudo aquilo que se refere ao espaço, mas também de impor, implicitamente, que não é preciso senão memória.

De todas as disciplinas ensinadas na escola, no secundário, a geografia é a única a parecer um saber sem aplicação prática fora do sistema de ensino. O mesmo não acontece com a história, onde se percebem, no mínimo, as ligações com a argumentação da polêmica política. A exaltação do caráter exclusivamente escolar e universitário da geografia, tendo como corolário o sentimento de sua inutilidade, é uma das mais hábeis e mais graves mistificações que já tenham funcionado com eficácia, apesar de seu caráter muito recente, uma vez que a ocultação da geografia na qualidade de saber político e militar data apenas do fim do século XIX. É chocante constatar até que ponto se negligencia a geografia em meios que estão, no entanto, preocupados em repelir todas as mistificações e em denunciar todas as alienações. Os filósofos, que tanto escreveram para julgar a validade das ciências e que exploram hoje a arqueologia do saber, mantêm um silêncio total em relação à geografia, embora essa disciplina, mais do que qualquer outra, merecesse ter atraído suas críticas. Indiferença ou conivência inconsciente?

A geografia dos professores funciona, até certo ponto, como uma tela de fumaça que permite dissimular, aos olhos de todos, a eficácia das estratégias políticas, militares, mas também estratégias econômicas e sociais que uma outra geografia permite a alguns elaborar. A diferença fundamental entre essa geografia dos estados-maiores e a dos professores não consiste na gama dos elementos do conhecimento que elas utilizam. A primeira recorre hoje, como outrora, aos resultados das pesquisas científicas feitas pelos universitários, quer se trate de pesquisa "desinteressada" ou da dita geografia "aplicada". Os oficiais enumeram os mesmos tipos de rubricas que se balbuciam nas classes: relevo – clima – vegetação – rios – população, mas com a diferença fundamental de que eles sabem muito bem para que podem servir esses elementos do conhecimento, enquanto os alunos e seus professores não fazem qualquer ideia.

É preciso analisar os procedimentos que acarretam essa ocultação. Pois ela não é o resultado de um projeto consciente, voluntário, dos professores de geografia: deveras suas tendências ideológicas estão longe de ser idênticas. Se eles participam da mistificação, eles próprios são mistificados. Contudo, antes de procurar esclarecer isso, é preciso assinalar que a geografia dos professores não é o único para-vento ideológico permitindo dissimular que o saber referente ao espaço é um temível instrumento de poder. Em vários países, a geografia está ausente dos programas de ensino primário e secundário: é o caso dos Estados Unidos, Grã-Bretanha, e as massas aí também não estão mais conscientes da importância estratégica das análises espaciais. É que existe um outro paravento ideológico.

Sem dúvida, as cartas, os manuais e os testes de geografia estão longe de ser as únicas formas de representação do espaço; a geografia também se tornou espetáculo: a representação das paisagens é hoje uma inesgotável fonte de inspiração e não somente para os pintores e sim para um grande número de pessoas. Ela invade os filmes, as revistas, os cartazes, quer se trate de procuras estéticas ou de publicidade. Nunca se compraram tantos cartões postais, nem "se tiraram" tantas fotografias de paisagens como durante essas férias em que "se fizeram", com guias nas mãos, a Bretanha, a Espanha ou... o Afeganistão[1].

A ideologia do turismo faz da geografia uma das formas de consumo de massa: multidões cada vez mais numerosas são tomadas por uma verdadeira vertigem faminta de paisagens, fontes de emoções estéticas, mais ou menos codificadas. A carta, representação formalizada do espaço que somente alguns sabem interpretar e sabem utilizar como instrumento de poder, é largamente eclipsada no espírito de todos pela fotografia da paisagem. Esta última, segundo os "pontos de vista" e de acordo com as distâncias focais das lentes das objetivas, escamoteia as superfícies, as distâncias da carta, para privilegiar silhuetas topográficas verticais que se recortam, em diorama, sobre fundo de céu. É todo um condicionamento cultural, toda uma impregnação que incita tanto que nós achamos belas paisagens às quais não se prestava nenhuma atenção antes.

---

1. Em 1976, quando este livro foi escrito, esse país era um local de turismo em moda. De 1979 para cá, ele viu chegar outros "turistas".

Não somente é preciso ir ver tal ou tal paisagem, mas a fotografia, o cinema reproduzem infatigavelmente certos tipos de imagens-paisagens, que são, se as olharmos de mais perto, como mensagens, como discursos mudos, dificilmente decodificáveis, como raciocínios que, por serem furtivamente induzidos pelo jogo das conotações, não são menos imperativos. A impregnação da cultura social pelas imagens-mensagens geográficas difusas, impostas pela *mass media*, é historicamente um fenômeno novo, que nos coloca em posição de passividade, de contemplação estética, e que repele para ainda mais longe a ideia de que alguns podem analisar o espaço segundo certos métodos a fim de estarem em condições de aí desdobrar novas estratégias para enganar o adversário, e vencê-lo.

Assim, essa geografia-espetáculo e a geografia escolar que se processam com métodos tão diferentes que pode até parecer paradoxal aproximá-las uma da outra, colocando em paralelo os efeitos ideológicos dos *westerns* e o dos manuais de geografia, levam, contudo, aos mesmos resultados:

1 – dissimular a ideia de que o saber geográfico pode ser um poder, que certas representações do espaço podem ser meios de ação e instrumentos políticos;

2 – impor a ideia de que o que vem da geografia não deriva de um raciocínio, sobretudo nenhum raciocínio estratégico conduzido em função de um jogo político. A paisagem! Isso se contempla, isso se admira: a lição de geografia! Isso se aprende, mas não há nada para entender. Uma carta! Isso serve para quê? É uma imagem para agência de turismo ou o traçado do itinerário das próximas férias.

3
UM SABER ESTRATÉGICO EM MÃOS DE ALGUNS

Em contrapartida, em numerosos Estados, a geografia é claramente percebida como um saber estratégico e os mapas, assim como a documentação estatística, que dá uma representação precisa do país, são reservados à minoria dirigente.

Os casos extremos dessa confiscação dos conhecimentos geográficos em proveito da minoria no poder são fornecidos pelos Estados comunistas, onde as cartas detalhadas em grande escala são estritamente reservadas aos responsáveis do Partido e aos oficiais das forças armadas e da polícia. Na URSS, os estudantes de geografia são privados delas e fazem seus trabalhos práticos sobre cartas imaginárias. Explicam-se tais precauções pela ameaça externa, mas estas são bem supérfluas numa época em que os satélites permitem a outra superpotência estabelecer cartas, as mais detalhadas, do território adversário. Esse confisco dos conhecimentos geográficos é essencialmente devido a problemas de política interna. O mesmo se passa em muitos países do Terceiro Mundo, onde a venda de cartas em grande escala, que era relativamente livre na época colonial, é interditada hoje, por causa das tensões sociais.

Na guerrilha, uma das forças dos camponeses é a de "conhecer" taticamente muito bem o espaço no qual eles combatem mas, entregues a si próprios, sua capacidade se desmorona em face de operações de nível estratégico, pois estas devem ser conduzidas numa outra escala, sobre espaços bem mais amplos que só podem ser representados cartograficamente. Uma etapa muito importante é transposta no desenvolvimento da guerra dos *partisans** quando se constitui um estado-maior onde se é capaz de ler cartas; estas são, frequentemente, obtidas ao preço de grandes sacrifícios.

A necessidade de saber ler uma carta se coloca também nas manifestações urbanas, a guerrilha urbana, a guerra de rua; em certos países (comunistas ou não), o público não pode conseguir um plano da cidade, mas somente os croquis dos locais frequentados pelos turistas; essa medida permite à polícia montar um esquema, tanto mais eficaz quanto mais difícil for para outros conseguir representá-lo espacialmente.

Após várias experiências desastrosas, o aprendizado da leitura de cartas aparece como tarefa prioritária para os militantes, num grande número de países. No entanto, na maioria dos países de regime democrático, a difusão de cartas, em qualquer escala, é completamente livre, assim como a dos planos da cidade. As autoridades perceberam que poderiam colocá-las em circulação, sem inconveniente. Cartas, para quem não aprendeu a lê-las e utilizá-las, sem dúvida, não têm qualquer sentido, como não teria uma página escrita para quem não aprendeu a ler. Não que o aprendizado da leitura de uma carta seja uma tarefa difícil, mas é ainda preciso que se veja o interesse em práticas políticas e militares: a livre circulação das cartas nos países de regime liberal é o corolário do pequeno número daqueles que podem pretender investir contra os poderes estabelecidos, em lugar de outros tipos de ação diversos daqueles convencionados num sistema democrático.

Contudo, a importância da análise geográfica não se coloca somente no domínio da estratégia e tática sobre o terreno, embora isso seja essencial em certas circunstâncias.

A ausência quase total de interesse, em amplos meios, numa reflexão de tipo geográfico, permite aos estados-maiores das grandes firmas

---

* N.T.: *Partisans* – guerrilheiros em guerras de emboscadas, soldados de tropas irregulares.

capitalistas desdobrar estratégias espaciais onde a eficácia permanece, e em boa parte, não tanto por causa do segredo que os cerca, mas por causa da despreocupação dos militantes e dos sindicalistas quanto aos fenômenos de localização. A análise dos marxistas, que é fundamentalmente de tipo histórico, negligencia quase totalmente a repartição no espaço dos fenômenos que ela apreende teoricamente.

Dever-se-ia citar e analisar mais frequentemente um dos mais célebres exemplos de estratégia espacial do capitalismo na região de Lyon, a propósito do trabalho da seda, evocado, no entanto, em todos os manuais de geografia.

De fato, na primeira metade do século XIX os capitalistas de Lyon encetaram uma verdadeira estratégia geográfica para quebrar a força política dos operários: o trabalho da seda, até então concentrado em Lyon, foi esfacelado num grande número de operações técnicas; eles foram disseminados por um grande raio, no campo: somente cada um dos mercantes-fabricantes sabia onde se encontravam seus ateliês. Com isso, os trabalhadores, dispersados, não podiam mais empreender ação conjunta. Belo exemplo de estratégia geográfica do capitalismo que deveria ser motivo de meditação para cada militante. Longe de pertencer ao passado, essa estratégia é sistematicamente empreendida desde alguns decênios, com o desenvolvimento dos fenômenos de sublocação e com as políticas de descentralização industrial e de *aménagement* do território. Boa parte do pessoal que trabalha de fato para esta ou aquela grande firma industrial não se encontra mais nos estabelecimentos que dependem juridicamente dessa firma. Ela se encontra dispersa numa série de empresas dependentes: onde se encontram elas? Em quais pequenas cidades? Em quais campos? Onde elas recrutam seus operários? Não seria impossível juntar informações, mas por não se ter o hábito de prestar atenção a esses problemas, geralmente não se sabe nada, para a maior conveniência dos estados-maiores das grandes firmas.

Nos meios "de esquerda" denuncia-se regularmente a derrota da política de *aménagement* do território, sem se procurar ver em que tais "derrotas" (em vista dos objetivos oficialmente proclamados) permitem, de fato, frutuosos negócios para as empresas que, numa verdadeira estratégia de movimento, desviam rapidamente seus investimentos para se beneficiarem das numerosas vantagens que lhes são concedidas na instalação de uma nova fábrica revendida ou liquidada um pouco mais tarde.

Essa estratégia bem flexível é transportada para espaços mais amplos pelos dirigentes das multinacionais: eles investem e desinvestem em diversas regiões de numerosos Estados para tirar o melhor proveito de todas as diferenças (salariais, fiscais, monetárias) que existem entre locais diversos. O sistema das multinacionais é, sem dúvida, bem analisado, mas somente no plano teórico: uma análise geográfica precisa dos múltiplos pontos controlados por essas organizações tentaculares não é impossível de ser feita e isso permitiria dirigir, contra elas, ações imbricadas, denunciar bem mais eficazmente suas condutas concretas (sempre aperfeiçoando a teoria) – o saber geográfico não deve permanecer como apanágio dos dirigentes de grandes bancos; ele pode ser voltado contra eles, na condição de prestar atenção às formas de localização dos fenômenos e cessar de evocá-los abstratamente.

Numa outra escala, a dos problemas que se colocam na cidade, é surpreendente constatar a que ponto os habitantes (e mesmo os mais preparados politicamente) se acham incapacitados de prever as consequências desastrosas que acarretarão tal plano de urbanismo, tal empresa de renovação, que no entanto lhes concerne diretamente. As municipalidades, os promotores estão agora tão conscientes dessa incapacidade que eles não hesitam mais em praticar o "acordo" e de apresentar os planos dos futuros trabalhos, pois as objeções são raras e fáceis de iludir. Deveras, as representações espaciais só têm verdadeiro significado para aqueles que as sabem ler, e esses são raros; dessa forma, as pessoas não irão perceber até que ponto foram enganadas, senão após o término dos trabalhos, quando as modificações se tornarem irreversíveis, em boa parte.

Esses poucos exemplos, sumariamente evocados, são suficientes, sem dúvida, para dar uma ideia da gravidade das consequências que resultam dessa miopia, dessa cegueira que, às vezes, mostram tantos militantes com respeito ao aspecto geográfico dos problemas políticos. Quanto mais esses responsáveis políticos, esses sindicalistas desempenham um papel importante junto às massas explicando-lhes as origens históricas de uma situação, analisando as contradições de uma formação social, tanto mais eles negligenciam o saber estratégico que é a geografia, da qual eles deixam o monopólio para uma minoria dirigente que, ela sim, sabe se servir, para manobrar eficazmente.

4
MIOPIA E SONAMBULISMO NO SEIO DE UMA ESPACIALIDADE TORNADA DIFERENCIAL

É preciso, pois, procurar quais podem ser as causas dessa miopia, dessa falta de interesse em relação aos fenômenos geográficos e, sobretudo, compreender por que seu significado político escapa geralmente a toda gente, salvo aos estados-maiores militares ou financeiros que, estes sim, estão perfeitamente conscientes.

É preciso, de início, fazer referências ao conjunto das práticas sociais e às diversas representações de espaços que lhe são ligadas.

Para compreender como é possível colocar esse problema, hoje, é útil ver como ele se transformou historicamente.

Outrora, na época em que a maioria dos homens vivia ainda para o essencial, no quadro da autossubsistência aldeã, a quase totalidade de suas práticas se inscrevia, para cada um deles, no quadro de um único espaço, relativamente limitado: o *terroir** da aldeia e, na periferia, os territórios que

---

* N.T.: *Terroir* – pequeno pedaço de terra, de exploração agrícola; seria mais o pedaço de terra onde o camponês vive, onde viveram os seus ancestrais (torrão natal?) e ao qual está umbilicalmente ligado, por razões sentimentais e de sobrevivência.

relevam das aldeias vizinhas. Além, começavam os espaços pouco conhecidos, desconhecidos, míticos. Para se expressar e falar de suas práticas diversas, os homens se referiam, portanto, antigamente, à representação de um espaço único que eles conheciam bem concretamente, por experiência pessoal.

Mas, desde há muito, os chefes de guerra, os príncipes, sentiram necessidade de representar outros espaços, consideravelmente mais vastos, os territórios que eles dominavam ou que queriam dominar; os mercadores, também, precisam conhecer as estradas, as distâncias, em regiões longínquas onde eles comercializavam com outros homens.

Para esses espaços muito vastos ou dificilmente acessíveis, a experiência pessoal, o olhar e a lembrança não eram mais suficientes. É então que o papel do geógrafo-cartógrafo se torna essencial: ele representa, em diferentes escalas, territórios mais ou menos extensos; a partir das "grandes descobertas", poder-se-á representar a terra inteira num só mapa em escala bem pequena[1] e este será, durante muito tempo, o orgulho dos soberanos que o detêm. Durante séculos, só os membros das classes dirigentes puderam apreender, pelo pensamento, espaços bastante amplos para tê-los sob suas vistas e essas representações do espaço eram um instrumento essencial da prática do poder sobre territórios e homens mais ou menos distantes.

O imperador deve ter uma representação global e precisa do império, de suas estruturas espaciais internas (províncias) e dos Estados que o contornam – é uma carta em escala pequena que é necessária. Em contrapartida, para tratar problemas que se colocam nesta ou naquela província, precisam de uma carta em escala maior, a fim de poder dar ordens a distância, com uma relativa precisão. Mas para a massa dos homens dominados, a representação do império é mítica e a única visão clara e eficaz é a do território aldeão.

---

1. Lembramos, mesmo aos geógrafos, que fazem frequentemente o contrassenso, que quanto mais a escala de uma carta é designada "pequena", mais a superfície do território representado é considerável; quanto mais a carta é "em grande escala", mais ela representa, de maneira detalhada, um espaço restrito.

Hoje, as coisas mudaram muito e a massa da população se refere, mais ou menos conscientemente, através de práticas as mais diversas, a representações do espaço extremamente numerosas que permanecem, na maioria dos casos, bastante imprecisas.

De fato, o desenvolvimento das trocas, da divisão do trabalho, o crescimento das cidades, fazem com que para cada um o espaço (ou espaços) limitado do qual ele pode ter o conhecimento concreto não corresponda mais que a uma pequena parte somente de suas práticas sociais.

As pessoas, cada vez mais diferenciadas profissionalmente, são individualmente integradas (sem que elas tomem claramente conhecimento disso) em múltiplas teias de relações sociais que funcionam sobre distâncias mais ou menos amplas (relações de patrão e empregados, vendedor e consumidores, administrador e administrados). Os organizadores e os responsáveis por cada uma dessas redes, isto é, aqueles que detêm os poderes administrativos e financeiros, têm uma ideia precisa de sua extensão e de sua configuração; quando um industrial ou um comerciante não conhece bem a extensão de seu mercado, ele manda fazer, para ser mais eficaz, um estudo no qual será possível distinguir a influência que ele exerce (e a que ele pode ter) em âmbito local, regional, nacional, levando em consideração as posições de seus concorrentes.

Em contrapartida, na massa dos trabalhadores e dos consumidores, cada qual só tem um conhecimento bem parcial e bastante impreciso das múltiplas redes das quais ele depende e de sua configuração. De fato, no espaço, essas diferentes redes não se dispõem com contornos idênticos, elas "cobrem" territórios de portes bastante desiguais e seus limites se encavalam e se entrecruzam.

Antigamente, cada homem, cada mulher percorria a pé o seu próprio território (aquele no qual se inscreviam todas as atividades do grupo ao qual pertencia); ele encontrava seus pontos de referência, sem dificuldade, nesse espaço contínuo, no qual nenhum elemento lhe era desconhecido.

Hoje, é sobre distâncias bem mais consideráveis que, a cada dia, as pessoas se deslocam; seria melhor dizer que elas são deslocadas passivamente, seja por transportes comunitários, seja por meios individuais de circulação, mas sobre eixos canalizados, assinalados por flechas, que atravessam espaços ignorados. Nesses deslocamentos cotidianos de massa, cada qual vai, mais ou menos solitariamente, em direção ao seu destino particular. Só se conhecem bem dois lugares, dois bairros (aquele onde se dorme e aquele onde se trabalha); entre os dois existe, para as pessoas, não exatamente todo um espaço (ele permanece desconhecido, sobretudo se é atravessado dentro de um túnel de metrô), mas, melhor dizendo, um tempo, o tempo de percurso, pontuado pela enumeração dos nomes de estações.

Há também, para aqueles que não são os mais desprovidos, as migrações de fins de semana, a menor ou maior distância, em direção à "residência secundária", e os deslocamentos de férias, quando se vai passar algum tempo "em casa de papai e mamãe".

Para ilustrar cartograficamente a considerável transformação, de um século para cá, das práticas e representações espaciais num país como a França, imaginemos um exemplo teórico relativamente simples, o de um grupo de aldeões, embora ele não seja mais representativo, hoje, senão de uma minoria da população francesa.

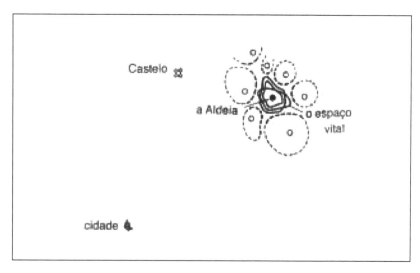

O esquema teórico acima simboliza aquilo que poderia ser outrora, numa época na qual relativa autossubsistência existia ainda, as representações práticas espaciais de um grupo de aldeões. O esquema seria sensivelmente mais complexo no caso de um *habitat* disperso.

Os aldeões que são ainda, em grande parte, agricultores, no fim do século XIX conheciam muito bem o *terroir* de sua comuna, os limites de sua paróquia onde se exerciam então a maioria de suas práticas espaciais (deslocamentos para os trabalhos agrícolas e para a caça, por exemplo). Conheciam menos os *terroir* das comunas vizinhas, mas eles tinham ali relações familiares.

Além de um círculo de uma dezena de quilômetros de raio, eles não conheciam mais grande coisa, salvo ao longo da estrada que leva à cidade, onde alguns deles iam para o mercado semanal. Da mesma forma a capital de cantão, onde se encontram o médico, o escrivão, os policiais.

Os aldeões escutam falar do departamento e da nação ou do Estado, mas essas são, para eles, representações bastante vagas, que têm, sobretudo a nação, um papel ideológico importante.

A maioria das práticas espaciais habituais do grupo aldeão (e mesmo de cada família) se inscreve num pequeno número de conjuntos espaciais de dimensões relativamente restritas e encaixadas umas nas outras.

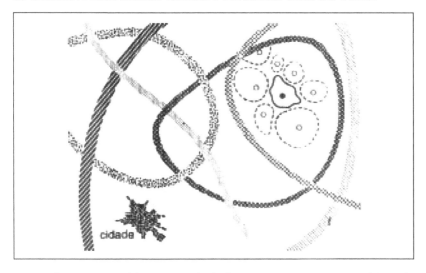

O esquema teórico acima simboliza as representações e práticas de um grupo aldeão, hoje. Graças ao automóvel, as ligações rodoviárias a distâncias mais ou menos grandes se multiplicaram e se intensificaram, e as práticas espaciais se estenderam e se diversificaram socialmente. No

A geografia 45

coração da aldeia, os agricultores não são mais tão majoritários como o foram em outros tempos. Além disso, mesmo para eles, os limites comunais representam o quadro de uma parte, apenas, de suas práticas agrícolas: eles cultivam terras nas comunas vizinhas e dependem diretamente de um certo número de grandes redes comerciais (coleta do leite, por exemplo) e de áreas de influência (crédito agrícola), das quais eles não conhecem nem a extensão, nem os contornos.

Mas a aldeia é também habitada por pessoas que vão, a cada dia, trabalhar na cidade vizinha, onde os ônibus de coleta escolar conduzem também os alunos, todas as manhãs. A escola comunal está fechada, assim como a igreja paroquial, onde a missa não é mais celebrada, senão em alguns domingos do ano. A cidade vizinha, onde vão cada vez com maior frequência, não é, contudo, a única relação urbana desses aldeões que vão, uma ou outra vez, em direção a centros citadinos mais importantes, para compras excepcionais ou para consultar, por exemplo, um médico especialista.

A diversificação das práticas sociais no seio do grupo aldeão que não tem mais sua coerência de outrora, a diversidade das práticas espaciais de um mesmo casal, de um mesmo indivíduo, podem se traduzir sobre a carta num grande número de conjuntos espaciais, com contornos e dimensões bem diferentes uns dos outros.

De fato, as diversas práticas sociais têm, cada qual, uma configuração espacial particular. Chega-se assim a uma superposição de conjuntos espaciais que se interceptam uns aos outros.

As práticas e representações espaciais de um grupo citadino são bem mais complicadas.

É uma perfeita banalidade dizer, nos dias de hoje, que tudo aquilo que está longe sobre a carta é bem perto com determinado meio de circulação. A proporcionalidade do tempo e do espaço percorrido, durante séculos, ao ritmo do pedestre (ou a passo de cavalo, para os poderosos) começou a se romper no século XIX, em certos eixos, onde a estrada de ferro diminuiu dez vezes as distâncias. Hoje, nós nos defrontamos com espaços completamente diferentes, caso sejamos pedestres ou automobilistas (ou, com mais razão ainda, se somarmos o avião). Na vida cotidiana, cada qual se refere, mais ou menos confusamente, a representações do espaço de tamanhos extremamente não semelhantes (desde um "cantinho" de algumas centenas de metros, até grandes porções do planeta) ou, antes, a pedaços de representação espacial superpostos, em que as configurações são muito diferentes umas das outras. As práticas sociais se tornaram mais ou menos confusamente multiescalares. No passado, vivia-se totalmente num mesmo lugar, num espaço limitado, mas bem conhecido e contínuo. Hoje, nossos diferentes "papéis" se inscrevem cada um em migalhas de espaço, entre os quais nós olhamos sobretudo nossos relógios, quando nos fazem passar, a cada dia, de um a outro papel. Se os sonâmbulos se deslocam sem saber por que num lugar que eles conhecem, nós não sabemos onde estamos nos diversos locais onde temos algo a fazer. Vivemos, a partir do momento atual, numa *espacialidade diferencial*[2] feita de uma multiplicidade de representações espaciais, de dimensões muito diversas, que correspondem a toda uma série de práticas e de ideias, mais ou menos dissociadas. Pode-se distinguir esquematicamente:

- de um lado, as diversas representações do espaço que dizem respeito a nossos diferentes deslocamentos; bem vagas para a maioria das pessoas, corresponderiam, se elas soubessem lê-las, ao plano do bairro e ao do metrô, à carta de aglomeração onde se efetuam as migrações diuturnas, à carta na escala de 1/200.000 dos deslocamentos de *weekend*, ou à carta em escala menor que representa os grandes eixos rodoviários;

- de outro lado, as configurações espaciais das diferentes redes das quais dependemos objetivamente (mesmo sem o saber): redes de tipo administrativo (comuna, departamento), a "carta escolar" que determina a admissão dos alunos nesse ou naquele estabelecimento, o espaço de comercialização de um supermercado, a zona de influência de tal cidade, a rede de filiais

---

2. Esta expressão foi empregada por Alain Reynaud na *A geografia entre o mito e a ciência*, trabalho do Instituto de Geografia de Reims, 1974. Ela é aqui empregada num sentido sensivelmente diferente.

de tal grande empresa, o grupo financeiro que o controla – esses diversos conjuntos espaciais não coincidem;
- enfim, desde algumas dezenas de anos para cá, o papel crescente da *mass media* impõe, ao espírito de cada um, toda uma gama de termos geopolíticos que correspondem a representações espaciais (a Europa dos Nove), a Europa do Oeste, a Europa do Leste, os países subdesenvolvidos, os países do Sahel, a América Latina, o confronto Leste-Oeste ou o "diálogo" Norte-Sul etc.) e toda a série de paisagens turísticas.

Essas representações, frequentemente bem imprecisas, mas que são mais ou menos familiares, proliferam, à medida que os fenômenos relacionais de todas as espécies se multiplicam e se ampliam e que a "vida moderna" se propaga na superfície do globo.

O desenvolvimento desse processo de espacialidade diferencial se traduz por essa proliferação das representações espaciais, pela multiplicação das preocupações concernentes ao espaço (nem que seja por causa da multiplicação dos deslocamentos). Mas esse espaço do qual todo mundo fala, ao qual nos referimos todo o tempo, é cada vez mais difícil de apreender globalmente para perceber suas relações com uma prática global.

É sem dúvida uma das razões prioritárias pelas quais os problemas políticos são tão raramente colocados em função de espaço por aqueles que não estão no poder. De fato, os problemas políticos correspondem a toda uma gama de redes de domínio que possuem configurações espaciais bem diversas e que se exercem sobre espaços mais ou menos consideráveis (desde o nível da aldeia e do cantão, até a dimensão planetária).

Num Estado, quanto mais o sistema político se tornou complexo, mais as formas de poder se diversificam e mais se emaranham os limites das circunscrições administrativas, eleitorais e os contornos mais ou menos vagos e discretos, de formas múltiplas de organização, que têm um papel político; por exemplo, o papel de tal rede bancária em tal região, as "reservas e mercado", as zonas em que se exerce determinada influência hegemônica, de forma mais ou menos oculta, a extensão espacial de certa "clientela" etc.

O confronto das forças no âmbito planetário se desenrola não somente por intermédio das estruturas nacionais, mas até no emaranhado dos componentes políticos de certos lugares.

Para se reconhecer bem facilmente nesse emaranhado, em boa parte constituído de informações confidenciais, para estar em condições de utilizá-las com eficiência, não é preciso ser um gênio; é preciso, sobretudo, fazer parte do grupo no poder e ter a sustentação das classes dominantes.

Uma das funções das múltiplas estruturas do aparelho de Estado é a de recolher informações, em caráter permanente (é uma das primeiras tarefas dos policiais), e os privilegiados são, também, pessoas bem informadas e muito desejosas de que saibam disso "na alta esfera". Em contrapartida, as relações entre as estruturas de poder e as formas de organização do espaço permanecem mascaradas, em grande parte, para todos aqueles que não estão no poder. Para se ver mais claro isso, melhor do que tentar furar o segredo que cerca certas informações muito precisas, cujo interesse é acima de tudo bastante conjuntural, é dispor de um método que permita organizar uma massa confusa de informações parciais; elas são, em grande parte, acessíveis, desde o momento em que nós atingimos as razões de prestar atenção nisso.

5
A GEOGRAFIA ESCOLAR QUE IGNORA TODA PRÁTICA TEVE, DE INÍCIO, A TAREFA DE MOSTRAR A PÁTRIA

A impregnação da cultura social por um amontoado de representações espaciais heteróclitas faz com que o espaço se torne cada vez mais difícil de ser ali reconhecido, mas também cada vez mais necessário, pois as práticas espaciais têm um peso sempre maior na sociedade e na vida de cada um. O desenvolvimento do processo de espacialidade diferencial acarretará, necessariamente, cedo ou tarde a evolução coletiva de um saber pensar o espaço, isto é, a familiarização de cada um com um instrumento conceitual que permite articular, em função de diversas práticas, as múltiplas representações espaciais que é conveniente distinguir, quaisquer que sejam sua configuração e sua escala, de maneira a dispor de um instrumental de ação e de reflexão. Isso é que deveria ser a razão de existir da geografia.

Durante séculos, o desenvolvimento dos conhecimentos geográficos esteve, em grande parte, estreitamente ligado unicamente às necessidades das minorias dirigentes, cujos poderes se exerciam sobre espaços muito vastos para se ter deles um conhecimento direto: a massa da população, por viver então da autossubsistência aldeã ou no quadro de trocas, muitas limitadas parcialmente, não tinha necessidade de conhecimento do espaço longínquo.

Hoje, o conjunto da população vive, cada vez mais, uma espacialidade diferencial, o que implica que, cedo ou tarde, necessariamente, ela esteja em condições de se comportar de outra forma, além daquela de sonâmbulos teleguiados ou canalizados. Durante séculos o saber ler, escrever e contar foi o apanágio das classes dirigentes e, desse monopólio, elas obtinham um acréscimo de poder. Mas as transformações econômicas, sociais, políticas, culturais na Europa do século XIX, como hoje nos países "subdesenvolvidos" fazem com que tenha se tornado indispensável que o conjunto da população saiba ler. E torna-se indispensável que os homens saibam pensar o espaço.

Deveras, hoje os fenômenos relacionais adquiriram tal intensidade, os efetivos em deslocamento sobre certos eixos atingiram tal amplitude, que o estado de miopia coletiva em relação aos fenômenos espaciais começa a colocar problemas graves, se bem que tal miopia não deixe de ter suas vantagens para aqueles que detêm um poder. Entre as dificuldades de funcionamento que conhecem as sociedades ditas "de consumo", algumas, as mais espetaculares, estão estreitamente ligadas aos problemas de espacialidade diferencial: por exemplo, a paralisia total da circulação, durante horas, ou até dias, sobre centenas de quilômetros de estradas. Essa situação dramática, que se repete cada vez com maior frequência por ocasião das migrações de verão, nos grandes *week-ends*, adquire, com evidência, as dimensões do absurdo, quando se sabe que há centenas de quilômetros de estradas livres, de um lado e de outro do eixo paralisado pela interminável fila de carros. Mas a maior parte dos motoristas não ousa ir ali experimentar, ou às vezes nem imagina poder utilizá-las, mesmo se eles possuem todas as cartas necessárias para se orientar nessa rede. Elas não lhes são de nenhuma utilidade, pois, apesar do auxílio de múltiplas placas indicadoras, eles não sabem ler essas cartas rodoviárias, que são bem simples e bem cômodas. E são os policiais que vêm dizer ser preciso ensinar as pessoas a ler uma carta!

O exemplo dessa incapacidade coletiva no quadro de uma prática tão simples, cuja eficácia é contudo tão imediatamente evidente, dá uma ideia do desligamento intelectual no qual se encontrariam as pessoas se lhes fosse preciso construir um raciocínio um pouco mais complexo, um pouco menos ligado diretamente ao concreto.

Ora, todas essas pessoas sabem ler, elas foram à escola e elas ali, como se diz, "fizeram a geografia", sobretudo se frequentaram o ginásio e o colégio. A ideia de que se possa colocar o problema da geografia com relação aos engavetamentos rodoviários não pode deixar de parecer a todo mundo perfeitamente ridícula, e talvez, sobretudo, à maioria dos professores de geografia. Isso dá a medida da ruptura que existe entre o discurso da geografia dos professores e uma prática espacial qualquer, sobretudo se ela é totalmente usual. "A geografia, isso não serve para nada..."

Na França, o ensino da geografia foi instituído no fim do século XIX, já exatamente na época em que o processo de espacialidade diferencial começava a se expandir para a maioria da população. A geografia está, então, a tal ponto ligada à escola, na representação coletiva, que a carta da França ou o globo terrestre figuram sempre em local destacado, entre as imagens que estão expostas numa sala de aula. Vai-se à escola para aprender a ler, a escrever e a contar. Por que não para aprender a ler uma carta? Por que não para compreender a diferença entre uma carta em grande escala e uma outra em pequena escala e se perceber que não há nisso apenas uma diferença de relação matemática com a realidade, mas que elas não mostram as mesmas coisas? Por que não aprender a esboçar o plano da aldeia ou do bairro? Por que não representam sobre o plano de sua cidade os diferentes bairros que conhecem, aquele onde vivem, aquele onde moram os pais das crianças vão trabalhar etc.? Por que não aprender a se orientar, a passear na floresta, na montanha, a escolher determinado itinerário para evitar uma rodovia que está congestionada?

Pode-se pensar que se trata de receitas pedagógicas bem indulgentes; elas não são executadas senão excepcionalmente, quer por causa da imposição dos programas, quer devido à propensão dos professores, não importa qual seja a tendência ideológica que tenham, de reproduzir a geografia dos seus mestres, que é uma outra. Pode-se pensar que essa orientação prática do ensino da geografia é perfeitamente ilusória e que ela não poderia ter interessado a ninguém no fim do século XIX. É, no entanto, a geografia que esteve mais próxima daquela dos oficiais e é esse tipo de formação que, em grande parte, explica o sucesso do escotismo nas classes dirigentes. Esse saber agir sobre o terreno (saber ler uma carta, saber seguir uma pista), o escotismo, cujo interesse político e militar é explicitamente assinalado, foi reservado aos jovens das classes dirigentes, sobretudo nos países anglo-saxões (o verbo *to scout*: ir em reconhecimento).

O discurso geográfico escolar que foi imposto a todos no fim do século XIX e cujo modelo continua a ser reproduzido hoje, quaisquer que pudessem ter sido, aliás, os progressos na produção de ideias científicas, se mutilou totalmente de toda prática e, sobretudo, foi interditada qualquer aplicação prática. De todas as disciplinas ensinadas na escola, no secundário, a geografia, ainda hoje, é a única a aparecer, por excelência, como um saber sem a menor aplicação prática fora do sistema de ensino. Nenhuma esperança de que o mapa possa aparecer como uma ferramenta, como um instrumento abstrato do qual é preciso conhecer o código para poder compreender pessoalmente o espaço e nele se orientar ou admiti-lo em função de uma prática. Nem se pensar que a carta possa aparecer como um instrumento de poder que cada qual pode utilizar se sabe interpretá-la. A carta deve permanecer como prerrogativa do oficial, e a autoridade que ele exerce em operação sobre "seus homens" não se deve somente ao sistema hierárquico, mas ao fato de que só ele é quem sabe ler a carta e pode decidir os movimentos, enquanto aqueles que ele mantém sob suas ordens não o sabem.

Contudo o instrutor, o professor, sobretudo outrora, mandavam "fazer" cartas. Mas não cartas em grande escala nas quais cada um pudesse ver como elas dão ideia de uma realidade espacial que se conhece bem, mas sim cartas em pequeníssimas escalas, sem utilidade no quadro das práticas usuais de cada um; são, na realidade, imagens simbólicas que o aluno deve redesenhar: antigamente era mesmo proibido decalcar, talvez, para se impressionar melhor.

A imagem que devia ser, inúmeras vezes, reproduzida por todos os alunos (hoje não é mais assim) era, primeiro, a da pátria. Outros mapas, representando outros Estados, entidades políticas cujo esquematismo dos caracteres simbólicos vem tanto melhor ainda reforçar a ideia de que a nação onde se vive é um dado intangível (dado por quem?), apresentado como se tratasse não mais de uma construção histórica, mas de um conjunto espacial engendrado pela natureza. É sintomático que o termo "país", que é particularmente ambíguo, tenha suplantado, e em todos os discursos, as noções mais políticas de Estado, nação.

Provavelmente esse corte radical que o discurso geográfico escolar e universitário estabelece em face de toda prática, essa ocultação de todas as análises do espaço, na grande escala, que é o primeiro passo para apreender cartograficamente a "realidade", resulta, em boa parte, da preocupação, inconsciente, de não se renunciar a uma espécie de encantamento patriótico, de não arriscar o confronto da ideologia nacional com as contradições das realidades.

Hoje ainda, em todos os Estados, e sobretudo nos novos Estados recentemente saídos do domínio colonial, o ensino da geografia é, incontestavelmente, ligado à ilustração e à edificação do sentimento nacional. Que isso agrade ou não, os argumentos geográficos pesam muito forte, não somente no discurso político (ou politizado), mas também na expressão popular da ideia de pátria, quer se trate de reflexos de uma ideologia nacionalista invocada pelos coronéis, uma pequena oligarquia, uma "burguesia nacional", uma burocracia de grande potência, ou se refira aos sentimentos do povo vietnamita. A ideia nacional tem algo mais que conotações geográficas; ela se formula em grande parte como um fato geográfico: o território nacional, o solo sagrado da pátria, a carta do Estado com suas fronteiras e sua capital, é um dos símbolos da nação. A instauração do ensino da geografia na França no fim do século XIX não teve, portanto, como finalidade (como na maioria dos países) difundir um instrumental conceitual que teria permitido apreender racional e estrategicamente a espacialidade diferencial de pensar melhor o espaço, mas sim de naturalizar "fisicamente" os fundamentos da ideologia nacional, ancorá-los sobre a crosta terrestre. Paralelamente, o ensino da história teve por função a de relatar as desgraças e os sucessos da pátria.

A função do discurso geográfico tem uma tal importância que durante decênios ele impregnou o essencial das leituras de milhões de pequenos franceses: é o famoso *Tour de France de deux enfants* (*Volta da França por duas crianças*), livro de leitura corrente da escola primária, que detém de longe, logo após o catecismo, o recorde de edições: oito milhões de exemplares, desde 1877.

A geografia dos professores, tal como ela se manifesta nos manuais antes dos anos 1920, oculta já, com certeza, os problemas políticos internos da nação, mas ela não dissimula jamais os sentimentos patrióticos que são,

A geografia 55

muito frequentemente, do mais belo chauvinismo. Em livros do ensino primário, recenseava-se, então, o número de couraçados e o efetivo das forças armadas das grandes potências.

6
A COLOCAÇÃO DE UM PODEROSO CONCEITO-OBSTÁCULO: A REGIÃO-PERSONAGEM

Não faltará quem venha objetar que essa geografia de farda desapareceu há cinquenta anos – o que é verdade – e que desde então as lições de geografia, ao menos nas classes mais avançadas do secundário não são mais essa enumeração relevo – clima – vegetação – população, mas um estudo das diferentes "regiões". Não deixarão sobretudo de afirmar que é inadmissível fazer o processo da geografia só levando em consideração suas formas mais elementares ou caricaturais, metamorfoses que afetariam toda a "disciplina científica" quando ela é ensinada na escola ou no liceu. Claro, as melhores produções universitárias são apresentadas como "modelos" aos estudantes que se tornarão professores. Mas, uma vez no ensino, que poderão eles fazer, quaisquer que sejam sua consciência e sua inteligência (profissional e política)?

E, aliás, seria verdade que aí existe, quanto às funções sociais, uma diferença assim tão fundamental, como dizem os geógrafos universitários, entre a geografia das "grandes teses", que fizeram o prestígio da "escola geográfica francesa", e essa geografia dos liceus, cujos alunos hoje em dia não querem mais ouvir nela falar?

A geografia 57

Uma e outra (com a diferença da geografia de farda que não dissimulava suas preocupações de política externa) se caracterizam pela ocultação de todo problema político. Elas são um saber pelo saber, procedem, ambas, da obra de Vidal de la Blache (1845-1918), que é considerado unanimemente como o "pai" dessa "Escola geográfica francesa" que foi reputada no mundo inteiro, onde ela exerceu uma grande influência, tanto por sua orientação em direção à "geografia regional" como pela despolitização do discurso que ela impunha. Seu papel ideológico foi considerável.

Antes de falar logo adiante do papel de Vidal de la Blache, é preciso sublinhar que na verdade a corporação dos geógrafos universitários só reteve um aspecto do seu pensamento, o *Quadro da geografia da França*, e que ela esqueceu, sistematicamente, o outro grande livro de Vidal, *A França de Leste* (1916) porque ali ele dá uma enorme importância aos fenômenos políticos. Trata-se, com efeito, de um livro de geopolítica.

Nessas páginas bastante críticas a respeito do pensamento "vidaliano" só se trata do primeiro aspecto da obra de Vidal de la Blache, aquele que a corporação privilegiou: o outro Vidal, que ela ignora completamente, só será lembrado ulteriormente, pois só recentemente ele foi redescoberto.

Com seu *Quadro da geografia da França* (1905), modelo tantas vezes retomado por tantas teses, cursos e manuais ou com os 15 tomos da *Geografia universal* (A. Colin) cuja concepção ele influenciou, Vidal de la Blache introduziu a ideia das descrições regionais aprofundadas, que são consideradas a forma, a mais fina, do pensamento geográfico. Ele mostra como as paisagens de uma "região" são o resultado da superposição ao longo da história, das influências humanas e dos dados naturais. Mas em suas descrições, Vidal dá maior destaque para as permanências, a tudo aquilo que é herança duradoura dos fenômenos naturais ou de evoluções históricas antigas. Em contrapartida, ele baniu, em suas descrições, tudo que decorre da evolução econômica e social recente, de fato, tudo o que tinha menos de um século e traduzia os efeitos da "revolução industrial". Claro, Vidal de la Blache combateu a tese "determinista", segundo a qual os "dados naturais" (ou um deles) exercem uma influência direta e determinante sobre os "fatos humanos" e ele dá um papel capital à história para avaliar as diversas maneiras pelas quais os homens estão em relação com os "fatos físicos".

Vidal de la Blache instala (com que estilo!) sua concepção do "homem-habitante" e essa expulsa para fora dos limites da reflexão geográfica o homem nas suas relações sociais, e com mais forte razão ainda, nas relações de produção. Além do mais, o "homem vidaliano" não habita as cidades, ele mora sobretudo no campo, ele é sobretudo o habitante de paisagens que seus ancestrais longínquos modelaram e organizaram.

Hoje, os geógrafos têm um consenso de que Vidal falou muito pouco das cidades, só o tendo feito para evocar sua fundação e as primeiras etapas do seu crescimento e que ele não prestou atenção a fenômenos tão espetaculares, tal como o descobrimento da indústria. Mas a maioria dos geógrafos de hoje acredita que nada impede de completar e de atualizar o *Quadro da geografia da França* que Vidal traçou nos primeiros anos do século. E todos celebram o modelo de análise que ele fez das diferentes regiões francesas: com que finura descreve ele a "personalidade", a "individualidade" da "Champagne", da "Lorena", da "Bretanha", do "Maciço Central", dos "Alpes", denominações que se nos tornaram tão familiares que temos a impressão de que essa divisão da paisagem sempre existiu. Ela é reutilizada, reproduzida por todas as monografias, que tornaram mais precisas, complementaram as descrições do mestre em todo o discurso escolar e universitário. Após Vidal, que levantou o plano de uma volumosa *Geografia universal*, a descrição geográfica de qualquer país, que seus discípulos irão realizar, consistirá em apresentar as diferentes "regiões que o compõem" e a descrevê-las, umas após as outras. Esse método, que não provocou críticas, conheceu um sucesso considerável no mundo inteiro e fez o renome da escola geográfica francesa. A geografia regional é imposta como a "geografia por excelência": não associaria a ela, estreitamente, a um só tempo, a "geografia física" e a "geografia humana"? Esse procedimento da geografia regional consiste em constatar como evidência a existência, num país, de certo número de regiões e descrevê-las, umas após as outras, ou a analisar somente uma delas no seu relevo, seu clima, sua vegetação, sua população, suas cidades, sua agricultura, sua indústria etc., cada uma considerada como um conjunto contendo outras regiões menores. Esse procedimento impregna, hoje, todo o discurso sobre a sociedade, toda a reflexão econômica, social e política, quer ela proceda de uma ideologia "de direita" ou "de esquerda". É um dos obstáculos capitais que impedem de colocar os problemas da espacialidade diferencial, pois admite-se, sem discussão, que só existe uma forma de dividir o espaço.

Será preciso muito tempo para aqueles geógrafos que desde alguns decênios se preocupam com os problemas econômicos, sociais e políticos, em particular sob a influência do marxismo, perceberem que esse procedimento vidaliano, tão admirado, reproduzido por um monte de gente que nunca ouviu sequer falar de Vidal de la Blache, é, de fato, um subterfúgio particularmente eficaz, pois ele impede de apreender as características espaciais dos diferentes fenômenos econômicos, sociais e políticos. De fato, cada um deles tem uma configuração geográfica particular que não corresponde à da "região".

Completar, atualizar o discurso de Vidal de la Blache, acrescentando-lhe parágrafos sobre a indústria, as cidades, os problemas agrícolas, não muda nada os axiomas escondidos de seu procedimento (talvez involuntário) da maneira pela qual ele dividiu a França em regiões. Se Vidal tivesse dito: "Vejam, seria cômodo, útil, levando-se em consideração esta ou aquela razão, distinguir, no bojo do território francês, tais ou tais subdivisões, subconjuntos, regiões... a que eu dou este ou aquele nome...", teria sido possível, sem dúvida, discutir essa divisão e seus critérios; propor outras maneiras de dividir o território, isto é, outras formas de pensar o espaço. Mas não, Vidal tomou o cuidado de evitar essa reflexão metodológica e iniciou o jogo afirmando em substância: eis tais e tais regiões que se chamam Lorena, Bretanha, Champagne etc.; elas existem como "individualidades", "personalidades", da mesma forma que a França existe. O papel do geógrafo seria o de talhar sua fisionomia e de mostrar que seus traços resultam de uma harmoniosa interação entre as condições naturais e heranças históricas muito antigas.

Ninguém se lembrou de dizer que as regiões que Vidal de la Blache gostava de personalizar não eram organismos ou mininações, mas um modo de ver as coisas, o fruto do talento daquele que pintava esse "quadro geográfico da França" (que é o tema I de *A história da França*, de Ernest Lavisse).

Quem teria tido a ideia (sacrilégio) de representar a França de uma outra maneira, de dar uma configuração diferente a cada um dos membros que formam o corpo da pátria? A existência dessas regiões inventadas por Vidal de la Blache não era contestada, nem suas designações; de fato, as apelações que ele lhes deu são entidades políticas conhecidas há muito: Bretanha, Lorena, Champagne (embora suas fronteiras tenham sido móveis) ou correspondem a realidades visíveis na paisagem (os Alpes...).

Criticar Vidal de la Blache por não ter exposto seu método pode parecer o efeito de um purismo um tanto quanto anacrônico, e o mecanismo dessa polêmica pode parecer bem restrito. Se atentarmos bem ele é, contudo, muito mais importante do que pode parecer.

De fato, sem a sombra de uma dúvida, e frequentemente sem mesmo se explicar, Vidal traça os limites das diferentes regiões, cuja existência ele impõe, seja como uma parte de um dos traçados dos limites de antigas províncias, seja por tal limite climático, seja a linha que o geólogo traça sobre a carta para separar os afloramentos de terrenos muito diferentes. Um tal retalhamento convém, talvez, à classificação dos elementos da "paisagem" que Vidal escolheu porque eles podem ser considerados como as heranças de fenômenos históricos (os mais) antigos, ou por sua evidente dependência, seja das condições geológicas, seja das condições climáticas. De fato, a descrição que Vidal faz da França, deixando crer que ele apreende "tudo" aquilo que é "importante", é o resultado de uma estrita, mas discreta, seleção dos fatos; ela deixa na penumbra o essencial dos fenômenos econômicos, sociais e políticos decorrentes de um passado recente. De outro lado, e isso é o mais grave, essa descrição impõe uma única forma de dividir o espaço e esta não convém, de forma alguma, ao exame das características espaciais de numerosos fenômenos urbanos, industriais, políticos, por exemplo, aqueles justamente que Vidal não quis levar em consideração. Para apreendê-los eficazmente, teria sido preciso uma outra divisão que levasse em conta as linhas de força econômicas e os grandes polos urbanos que estruturam o espaço de um país como a França, desde a "revolução industrial". Mas o prestígio da divisão vidaliana fez com que "suas" regiões, que ele delimitou, tenham sido consideradas as únicas configurações espaciais possíveis e a expressão, por excelência, de uma pretensa "síntese" de todos os fatores geográficos. Mas essa síntese ignorava muitos fatores, e dos mais importantes. Os discípulos do mestre escreveram uma série de monografias, cada uma consagrada a uma das regiões ou sub-regiões que ele havia distinguido: estudou-se, por exemplo, o relevo da Champagne, a agricultura da Champagne, as indústrias, as cidades etc.; sem se questionar se não teria sido mais esclarecedor abordar, por exemplo, os estabelecimentos industriais que se encontram nessa "região" e em outras, em função de um outro conjunto espacial, com considerações sobre suas relações financeiras. Há linhas que só têm significado geológico, ou que correspondem a demarcações políticas desde há muito inexistentes, que determinam a divisão do espaço e a individualização das diferentes "regiões" que se tomam em seguida, de maneira essencialmente monográfica.

Para a enorme maioria dos geógrafos, essa maneira tradicional de proceder não apresenta inconvenientes maiores. Em última instância, os contornos da região lhes importam pouco. O que vale para Vidal é analisar da maneira mais aprofundada possível o "conteúdo", as intenções que se processaram ao longo da história entre fatos físicos e fatos humanos num determinado espaço "dado" de uma vez por todas.

Fruto do pensamento vidaliano, a "região geográfica", considerada a representação espacial, se não única, ao menos fundamental, entidade resultante, pode-se dizer, da síntese harmoniosa e das heranças históricas, se tornou um poderoso conceito-obstáculo que impediu a consideração de outras representações espaciais e o exame de suas relações.

Essa maneira de recortar *a priori* o espaço num certo número de "regiões", das quais só se deve constatar a existência, essa forma de ocultar todas as demais configurações espaciais, às vezes bastante usuais, foram difundidas, com um enorme sucesso na opinião, através de manuais escolares e também pela literatura e pela mídia. Esse sucesso, bastando ver a importância dos argumentos geográficos utilizados nos movimentos "regionalistas", é talvez uma espécie de reação inconsciente que vai ao encontro da superposição das representações espaciais provocadas pelo desenvolvimento da espacialidade diferencial: a região "vidaliana", imaginada como o fruto de uma sutil e lenta combinação das forças da Natureza e do Passado, apresentada como a expressão de uma permanência, de uma autenticidade é, sem dúvida, para a maioria das pessoas, um meio de "aí se encontrar" dentro da confusão de outras organizações espaciais, de maior ou menor envergadura.

Sempre acontece que o procedimento vidaliano, que nega, no discurso, os problemas que colocam a espacialidade diferencial, tem por efeito fazer derrapar inúmeras análises, pois elas não são conduzidas levando em consideração a representação espacial que seria adequada.

A consagração pelos geógrafos da região-personalidade, organismo coletivo ou mininação da região-personagem histórica, forneceu a garantia, a própria base, de todos os geografismos que proliferam no discurso político.

Por "geografismos" eu entendo as metáforas que transformam em forças políticas, em atores ou heróis da história, porções do espaço terrestre ou, mais exatamente, os nomes dados (pelos geógrafos) a territórios mais ou menos extensos. Exemplos de geografismos: "a Lorena luta, a Córsega se revolta, a Bretanha reivindica, o Norte produz isto ou aquilo, Paris exerce tal ou tal influência, Lyon fabrica etc.". Evidentemente esses geografismos designam os homens que vivem nessas cidades e nessas regiões. Mas esses malabarismos de estilo não são assim tão inocentes como podem parecer à primeira vista, pois eles permitem escamotear as diferenças e as contradições entre os diversos grupos sociais que se encontram nesses lugares ou sobre esses territórios. É a razão pela qual esses geografismos são tão utilizados nos discursos patrióticos, quer se trate do Estado-nação ou da região, que alguns consideram como mininações ou como nações em potencial.

Enquanto seria politicamente mais sadio e mais eficaz considerar a região como uma forma espacial de organização política (etmologicamente, região vem de *regere*, isto é, dominar, reger), os geógrafos acreditam na ideia de que a região é um dado quase eterno, produto da geologia e da história. Os geógrafos, de algum modo, acabaram por naturalizar a ideias de região: não falam eles das regiões calcáreas, de regiões gramíticas, de regiões frias, de regiões florestais? Eles utilizam a noção de região, que é fundamentalmente política, para designar todas as espécies de conjuntos espaciais, quer sejam topográficos, geológicos, climáticos, botânicos, demográficos, econômicos ou culturais.

7
AS INTERSEÇÕES DE MÚLTIPLOS CONJUNTOS ESPACIAIS

A crítica rigorosa que acaba de ser feita da noção "vidaliana" de região não teve somente a finalidade de chamar a atenção contra essas múltiplas mistificações políticas que são os geografismos, mas também a de denunciar um modo de pensar o espaço que se choca com o verdadeiro raciocínio geográfico e exclui sua importância estratégica. O discurso vidaliano, a propósito da região, se desenvolveu, aliás, a partir do momento em que os geógrafos, tornando-se universitários, afastaram de suas reflexões qualquer referência à ação e aos fenômenos políticos.

Se de fato sim, como o proclamam os professores de geografia, e após eles, a mídia, o espaço terrestre é constituído por grandes compartimentos, as regiões, cada uma delas possuindo o seu relevo próprio e seu próprio clima, sua geologia e sua economia particulares, se cada um desses compartimentos pode e deve ser descrito monograficamente por si mesmo, sem referência fundamental com tudo aquilo que o circunda, então essa descrição geográfica dada, de uma vez por todas, nesses quadros intangíveis não pode servir para grande coisa, de tal forma ela é contrária às diversas configurações verdadeiras das realidades, em função das quais é preciso agir.

Basta folhear um atlas ou um manual consagrado a um mesmo continente, a um mesmo Estado ou a uma porção qualquer do espaço terrestre, para se perceber que as configurações espaciais dos fenômenos geológicos, climáticos, demográficos, econômicos, culturais não coincidem umas com as outras, na maioria dos casos; ao contrário, elas formam uma série de interseções complexas.

Contrariando aquilo que proclama um certo número de clichês pedagógicos e jornalísticos, a extensão do Terceiro Mundo não coincide com a dos climas tropicais, o mundo muçulmano não corresponde à zona árida e semiárida; a "região lionesa", por exemplo, uma das regiões mais evidentes para o geógrafo, se estende sobre parte de outras "regiões" que eles consideram também evidentes, o Maciço Central, os Alpes, a calha do Ródano. A Suíça oferece um dos exemplos de interseções dos mais complexos, uma vez que esse país está não somente "montado" sobre a cadeia dos Alpes, mas também porque sua compartimentação em diferentes "cantões" não corresponde às configurações dos conjuntos religiosos (protestantes, católicos) que têm, no entanto, grande importância nesse país.

Uma das razões de ser fundamentais da geografia é a de tomar conhecimento da complexidade das configurações do espaço terrestre. Os fenômenos que se podem isolar pelo pensamento, segundo as diferentes categorias científicas (geologia, climatologia, demografia, economia etc.) não se ordenam espacialmente segundo grandes compartimentos, as regiões sobre as quais os professores de geografia proclamam a realidade, mas ao contrário se superpõem, e frequentemente de maneira bastante complicada. É levando em consideração essas múltiplas interseções entre as configurações precisas dos diferentes fenômenos que se pode agir mais eficazmente, pois isso permite evitar, por exemplo, aquelas que constituem obstáculo à ação que se quer empreender. No coração de uma mesma "região", lugares vizinhos e aparentemente idênticos podem, na realidade, oferecer condições bem diversas, e é o exame das configurações espaciais precisas de diferentes fenômenos que permite escolher a implantação (ou o itinerário) mais vantajosa.

O método que permite pensar eficazmente, estrategicamente, a complexidade do espaço terrestre é fundamentado, em grande parte, sobre a observação das interseções dos múltiplos conjuntos espaciais que se podem formar e isolar pelo raciocínio e pela observação precisa de suas configurações cartográficas.

O que é um conjunto espacial?

A anexação do adjetivo espacial à palavra conjunto tem por objetivo destacar que nesse procedimento de análise, que é fundamental no verdadeiro raciocínio geográfico, a maior atenção deve ser dada, na carta, ao traçado dos limites dos diversos conjuntos levados em consideração, à configuração particular de cada um deles. Não se trata de interseções de conjuntos teóricos (o entrecruzamento das célebres "batatas" do diagrama de Venn que serve de rudimento à teoria dos conjuntos), mas de conjuntos definidos, cada qual, não somente por elementos e por suas relações, mas também pelo traçado preciso de seus contornos cartográficos particulares.

Cada um desses conjuntos não fornece mais do que um conhecimento extremamente parcial da realidade. De fato, esses conjuntos espaciais são representações abstratas, objetos de conhecimento e ferramentas de conhecimento produzidos pelas diversas disciplinas científicas. Essas, no seu esforço de investigação da realidade, se adéquam a uma espécie de divisão, mais ou menos acadêmica, do trabalho, cada uma delas privilegiando uma "instância", isto é, um modo de ver o mundo (a geologia, a climatologia, a biologia e, no que diz respeito às atividades humanas, a economia, a sociologia, a demografia etc.) a ponto de traçar da realidade uma representação que negligencia todas as outras. Mas a diversidade da realidade, na superfície do globo, não é somente a que descreve o geólogo ou a que analisa o economista: é a combinação de todas essas representações parciais que permite tomar conhecimento dela, da forma a menos imperfeita.

Cada disciplina, cada maneira de apreender a realidade, destaca as características espaciais da categoria de fenômenos que ela privilegia e traça os contornos sobre a carta: conjuntos topográficos, climáticos, vegetais, conjuntos urbanos, conjuntos étnicos, religiosos, conjuntos políticos, circunscrições administrativas etc. Ora, é importante destacar – o que é uma evidência muitas vezes esquecida – que não existe, na maior parte das vezes, coincidência entre os contornos das diferentes espécies de conjuntos espaciais que as diversas disciplinas delimitam para uma mesma porção da superfície terrestre, o que demonstra a superposição das diversas cartas

A geografia 67

temáticas (relevo, geologia, clima, povoamento etc.). Para examinar essas múltiplas interseções com mais precisão, podem-se superpor decalques referentes cada qual a uma carta especializada.

Sem dúvida, observando-se atentamente esse entrecruzamento dos contornos dos diversos conjuntos espaciais, podem-se constatar coincidências, inclusões, mas essas são bem menos a regra que a exceção e, nesse prisma, são dignas de atenção: elas confirmam uma relação de causalidade entre dois fenômenos (e às vezes mais), uma vez que, para uma certa porção do espaço terrestre, sua configuração espacial aparece como vizinha, ou idêntica. Mas tais coincidências são raras e o que há mais comumente é a interseção das configurações espaciais das diversas categorias de fenômenos que são analisados pelas diversas disciplinas científicas: geologia, climatologia, demografia, economia etc. e isso porque o raciocínio geográfico é socialmente necessário, seja ele conduzido por geógrafos universitários, seja por homens de ação, planificadores ou estrategistas. A representação mais operacional e mais científica do espaço não é a de uma divisão simples em "regiões", em compartimentos justapostos uns aos outros, mas a de uma superposição de vários quebra-cabeças bem diferencialmente recortados.

Contudo, essa representação do espaço, já bem complexa, não é suficiente para ser operacional. Não é suficiente, de fato, raciocinar, como fizemos até agora, sobre as interseções entre as diferentes espécies de conjuntos espaciais, no âmago de um mesmo território; é preciso também considerar suas dimensões, que podem se referir a ordens de grandeza muito diversas. Nós retornaremos a esse problema.

Os professores de geografia dedicaram tal interesse às coincidências de conjuntos espaciais estabelecidos por disciplinas diferentes, que acabaram vendo nessa correspondência, se não a regra, ao menos o único tipo de configuração espacial digno de interesse. Em vez de representar a diversidade e a complexidade do espaço terrestre como o resultado das interseções entre os múltiplos conjuntos espaciais que convém distinguir, segundo as diversas preocupações científicas, os professores de geografia forjaram e inculcaram uma representação do espaço terrestre baseada, muitas vezes, contra toda a evidência cartográfica, sobre a coincidência de contornos das diversas categorias de conjuntos.

Tal representação teve, contudo, um enorme sucesso, graças ao ensino e hoje ela é considerada uma "realidade" geográfica evidente: é a "região" de que se exalta a existência, estando assentado que cada região tem seu próprio relevo, seu clima particular, sua população e sua economia dotadas, uma e outra, de características específicas, bem diversas daquelas que têm as regiões vizinhas. Tal discurso, cuja função ideológica é considerável, postula que a linha que é tida como senso comum para delimitar tal "região" em relação àquelas que a contornam, seria uma demarcação fundamental, destacando da mesma forma os conjuntos espaciais levantados pela geologia, como os que decorrem da climatologia, da demografia, da economia etc.

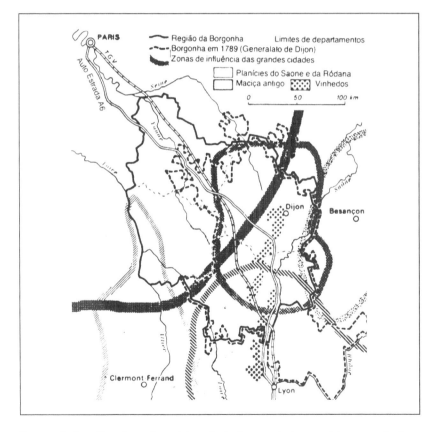

Um exemplo de região: a Borgonha e a interseção de alguns conjuntos espaciais que se estendem além de seus limites históricos ou administrativos atuais.

Basta examinar as cartas geológicas, climáticas, demográficas representando um espaço mais amplo que o da "região", cuja existência é alardeada em limites precisos, para se perceber que tal maneira de ver as coisas não tem qualquer fundamento científico, uma vez que os contornos dos diversos conjuntos espaciais não coincidem.

Deveras, seguindo-se a Vidal de la Blache, os professores de geografia, para afirmar a existência desta ou daquela "região", dotada cada qual, segundo os mesmos, de sua individualidade geológica, climática, demográfica, econômica, histórica, privilegiaram, sem o dizer, sem mesmo perceber, um ou dois conjuntos espaciais cujos contornos parecem coincidir, e que eram considerados, *a priori*, mais estáveis, mais importantes, mais "determinantes" ou mais dignos de interesse que outros, cujas configurações particulares, muito diferentes, eram escamoteadas. Foram, frequentemente, os contornos de conjuntos geológicos ou de antigas províncias (postulando que suas fronteiras tivessem sido estáveis) que foram privilegiados para servir de quadro às regiões. Em contrapartida, os contornos das regiões econômicas, as áreas de influência das grandes cidades foram, via de regra, negligenciados, salvo exceção.

Essa maneira relativamente simples de ver as coisas, pois nega as interseções de múltiplos conjuntos, tem, sem dúvida, vantagens pedagógicas, e não é de admirar que o ensino primário e secundário a tenham difundido. Mas o sucesso da ideia de "região" traz em si também poderosas razões ideológicas que estão ligadas ao sentimento nacional: cada Estado, cada "país" é quase como se fosse a reunião de um certo número de "regiões". Cada "região", descrita como uma entidade viva muito antiga, se não eterna, aparece como um dos órgãos do corpo da pátria. A ideia de "região", a ideia de que só há uma forma de se conceber a repartição de um espaço e, em última análise, a ideia de que o espaço é compartimentado pela Natureza, por Deus, de acordo com linhas simples e estáveis, traduz o poderio ideológico da geografia dos professores. Mas essas representações tranquilizantes, que são o fundamento de tantos discursos e rompantes líricos, não são operacionais. Desde que não se trate mais de discursos ou de manuais escolares, mas de ação, é preciso entender, para não fracassar, que as configurações do espaço são bem mais complexas que a repartição simples em grandes "regiões" da geografia dos professores.

8
O ESCAMOTEAMENTO DE UM PROBLEMA CAPITAL: A DIFERENCIAÇÃO DOS NÍVEIS DE ANÁLISE ESPACIAL

Seguindo-se a Vidal de la Blache, sob o efeito das tendências que concorreram para a difusão de sua forma de pensar, não somente na França, mas também no exterior, os geógrafos se lançaram na descrição cada vez mais refinada de cada "região" que eles foram levados (como? por quê?) a distinguir e a tomar em consideração.

Sendo cada "região" considerada um dado de evidência (e não o resultado de uma escolha) nada mais há a fazer, parece, que observar essa porção do espaço dotada de certas peculiaridades que a tornam diferente dos territórios que a cercam. Nada mais há que ler o grande livro aberto da natureza. Mas em que página o abriremos? O geógrafo (e após ele, todos aqueles que ele influencia por seu discurso) não se preocupa com ilusões do saber imediato e da primeira experiência. Ele não se questiona se acaso não seria sua maneira pessoal de ver as coisas, a influência de seus mestres numa certa etapa de sua evolução intelectual, certos pressupostos dos quais ele não está consciente, que o levam a decidir sobre a individualidade dessa "região", isto é, a privilegiar (por quê?) certas informações.

Nessas condições, se ele não questiona o bom fundamento dos limites da "região" que estuda, ele se preocupa ainda menos com o tamanho do espaço que leva em consideração, de forma monográfica. Alguns geógrafos colocam sua atenção, de preferência, sobre as pequenas "regiões", descrevem a extensão de um cantão que reagrupa algumas aldeias, enquanto outros estudam territórios consideravelmente mais vastos, as "regiões tropicais", "as regiões polares", ou seja, uma grande parte da superfície do globo.

Para a maioria dos geógrafos, a dimensão do território levado em consideração e os critérios dessa escolha não parecem dever influenciar fundamentalmente suas observações e seus raciocínios. Contudo, basta folhear um manual de geografia ou a coleção de uma revista geográfica para se perceber que as ilustrações cartográficas são de tipos extremamente diferentes, pois essas cartas têm escalas muito desiguais: algumas são planisférios que representam todo o globo, outras representam um continente; outras, um Estado (extenso ou pequeno), outras uma "região" cuja extensão pode ser variável, outras uma aglomeração urbana, um bairro, uma aldeia e seu *terroir*, uma exploração rural e suas construções, uma clareira na floresta, um pântano, uma casa etc. Essas extensões de tamanho bem desigual são representadas por cartas, cujas escalas são bem diversas: desde as cartas em pequeníssima escala que representam o conjunto do mundo até cartas e planos em escala bem grande, que representam, de maneira detalhada, espaços relativamente pouco extensos[1].

Entre todas essas cartas de escala tão desigual, não há somente diferenças quantitativas, de acordo com o tamanho do espaço representado,

---

1. A escala de uma carta indica a relação de redução que existe entre uma distância real e sua representação sobre o papel. Tanto mais o denominador da fração é grande, menor é a escala. Assim uma carta de 1/1.000.000 está numa escala muito menor que uma de 1/10.000, mas a primeira representa extensões bem mais vastas que a segunda. Deve-se notar que a expressão corrente "fazer qualquer coisa em grande escala", "uma operação em grande escala", que implica poderosos meios e uma ação se exercendo sobre grandes extensões ou sobre um grande número de pessoas, tem um significado inverso ao da expressão cartográfica. Uma carta em grande escala representa uma extensão relativamente pequena. Essa confusão, cujas origens não são claras, é muito comum e numerosos geógrafos a fazem também.

mas também diferenças qualitativas, pois um fenômeno só pode ser representado numa determinada escala; em outras escalas ele não é representável ou seu significado é modificado. É um problema essencial, mas difícil.

Ora, a escolha da escala de uma carta aparece habitualmente como uma questão de bom senso ou de comodidade à qual não se dá importância e cada geógrafo universitário escolhe a escala que lhe convém, sem estar muito consciente dos motivos dessa escolha. Em contrapartida, as exigências da prática fazem com que os oficiais saibam bem que não são as mesmas cartas que servem para decidir a estratégia de conjunto e as diversas operações táticas. A estratégia se elabora em escala bem menor que a tática.

É preciso perceber que a grande variedade das representações cartográficas, no que concerne às escalas utilizadas, é de fato significativa das diferenças que existem entre vários tipos de raciocínios geográficos, diferenças essas que se devem, em grande parte, ao tamanho bastante desigual dos espaços que elas consideram. Certos raciocínios não podem se formar se não forem examinados os diferentes aspectos de um fenômeno sobre o conjunto do planeta (é por exemplo o caso de certos fenômenos climáticos ou econômicos). Em contrapartida, outros fenômenos tais como os processos de erosão, não podem ser convenientemente observados senão em escala bem grande, sobre uma vertente, no leito de uma correnteza... Essas constatações são perfeitamente banais para os geógrafos que não parecem senão reafirmar, ainda uma vez, o ecletismo de seus pontos de vista: ora, dizem eles, é preciso olhar a Terra no microscópio, ora do alto de um satélite.

A "realidade" aparece diferente segundo a escala das cartas, segundo os níveis de análise

Em minha concepção é aí que se situa, dissimulada atrás de práticas totalmente empíricas, que se apresentam frequentemente como comodidades pedagógicas, um dos problemas epistemológicos primordiais da geografia. De fato, as combinações geográficas que podem ser observadas em grande escala não são aquelas que podem ser observadas em escala pequena. A técnica cartográfica chamada de "generalização", que permite levantar uma carta em escala menor de uma "região" a partir de cartas em grande escala que a representam de modo mais preciso (mas cada uma para espaços menos amplos), deixa acreditar que a operação consiste somente em abandonar um grande número de detalhes para representar extensões mais amplas. Mas como certos fenômenos não podem ser apreendidos se não considerarmos extensões grandes, enquanto outros, de natureza bem diversa, só podem ser captados por observações muito precisas sobre superfícies bem reduzidas, resulta daí que a operação intelectual, que é a mudança de escala, transforma, e às vezes de forma radical, a problemática que se pode estabelecer e os raciocínios que se possa formar. A mudança da escala corresponde a uma mudança do nível da conceituação.

A combinação de fatores geográficos, que aparece quando se considera um determinado espaço, não é a mesma que aquela que pode ser observada para um espaço menor que está "contido" no precedente. Assim, por exemplo, aquilo que se pode observar no fundo de um vale alpino e os problemas que podem ser colocados a propósito desse espaço e das pessoas que aí vivem diferem daquilo que se vê quando se está sobre um dos picos e essa visão das coisas se transforma quando se olham os Alpes de avião, a 10 mil metros de altitude.

Um mesmo geógrafo pode proceder a um estudo dos problemas de uma aldeia africana, à análise da situação de uma região onde tal aldeia se encontra, ao exame dos problemas no âmbito do Estado onde ela se inscreve, e à apreensão do "subdesenvolvimento" considerando o conjunto do Terceiro Mundo; esse geógrafo terá de fato discursos bem diferentes (nem que seja só pelo vocabulário) que nem sempre se remetem uns aos outros, parecendo mesmo ser excludentes em vários pontos. Tomemos um último exemplo, cujo significado será talvez menos percebido, pois as alusões serão mais facilmente relacionadas a experiências familiares, num conjunto do qual atingiremos a diversidade dos aspectos pela prática social: cada vez se fazem mais referências às "realidades urbanas" tomadas como um conjunto global (onde os "fatores físicos" não devem ser esquecidos, não somente naquilo que se refere aos sítios, mas sobretudo, e cada vez mais, aos problemas de "poluição"). Contudo, esses aparecem de maneira bem diferente, segundo se observa em grande escala, no grupo de imóveis (como foi ele escolhido? Onde se encontra?), do bairro (qual?), ou se considere somente o centro da cidade, o conjunto da cidade ou a aglomeração com os subúrbios mais ou menos extensos, ou ainda, se considerarmos em escala pequena esse conjunto urbano no quadro de sua "região" (a qual pode ser considerada de maneira mais ou menos ampla) ou nas relações que ele mantinha com outras cidades, mais ou menos distanciadas.

Posto em prática desde há uns quinze anos pelos geógrafos, esse estudo das relações interurbanas dessas "redes urbanas", que é preciso recolocar num quadro nacional e internacional, modificou e enriqueceu consideravelmente a problemática que se aplicava aos bairros centrais e reciprocamente. Cada um desses diferentes níveis de análise que se pode distinguir, desde a maior até a menor escala, não corresponde somente à consideração de conjuntos espaciais mais ou menos amplos, mas também à definição das características estruturais que permitem delimitar-se os contornos.

Uma etapa primordial no caminho da investigação geográfica: A escolha dos diferentes espaços de conceituação

Ao plano do conhecimento não há nível de análise privilegiado, nenhum deles é suficiente, pois o fato de se considerar tal espaço como campo de observação irá permitir apreender certos fenômenos e certas estruturas, mas vai acarretar a deformação ou a ocultação de outros fenômenos e de outras estruturas, das quais não se pode, *a priori*, prejulgar o papel e, portanto, não se pode negligenciar. É por isso indispensável que nos coloquemos em outros níveis de análise, levando em consideração outros espaços. Em seguida é necessário realizar a articulação dessas representações tão diferentes, pois elas são função daquilo que se poderia chamar espaço de conceituação diferente.

No plano, não mais do conhecimento, mas da ação (urbanística ou militar), existem níveis de análise que é preciso privilegiar, pois eles correspondem a espaços operacionais, em decorrência das estratégias e das táticas elaboradas.

Esse caminho de investigação geográfica, é preciso ter cuidado para não considerá-lo já construído e assegurado. Como escolher os diferentes espaços de conceituação? Como se estar seguro de sua adequação ao conhecimento de tais fenômenos e de tal estrutura? Qual é o instrumental conceitual que convém a cada um deles? Como operar a articulação desses diferentes níveis de análise? Por qual nível começar a investigação? O que parece assegurado é que, para tudo aquilo que tem uma significância espacial, a natureza das observações que podem ser efetuadas, a problemática que pode ser estabelecida, os raciocínios que podem ser construídos são função do tamanho dos espaços considerados e dos critérios de sua seleção.

O problema das escalas é, portanto, primordial para o raciocínio geográfico. Contrariamente a certos geógrafos que declaram que "se pode estudar um mesmo fenômeno em escalas diferentes", é preciso estar consciente de que são fenômenos diferentes porque eles são apreendidos em diferentes níveis de análise espacial.

A mesma questão se coloca, de forma comparável, para a história. Assim, por exemplo, a explicação da jornada de 14 de julho de 1789, considerada como evento significativo capital, será muito diferente segundo se procure saber o que se passou exatamente na véspera, na semana, no mês precedente ou se tomarmos pedaços de tempo mais longos como quadro das observações e do raciocínio: um ano, dez anos antes, ou os três séculos que precederam o sepultamento do Antigo Regime: a história de "curta duração", a história chamada dos acontecimentos aparece, evidentemente, radicalmente diferente da história de "longa duração" que permite clarear o desenvolvimento das contradições do "feudalismo", tanto considerando-se as infraestruturas, como as superestruturas.

Da mesma forma que os diferentes tempos da história não devem ser confundidos, mas devem ser vistos nos seus entrelaçamentos[2], os

---

2. A escolha dos diferentes espaços de conceituação: Cf. os "diferentes tempos" que Louis Althusser propõe diferenciar em *Ler o capital*, Maspero 1965, t.2, p. 471: "Há, para cada modo de produção, um tempo e uma história próprios, escondidos de forma específica, do desenvolvimento das forças produtivas; um tempo e uma história próprios das relações de produção [...]; um tempo e uma história próprios

diferentes espaços de conceituação, aos quais precisa se referir o geógrafo, devem ser objeto de um esforço de diferenciação e de articulação sistemáticos. É preciso fazer uma distinção radical entre espaço, tomado como objeto real que não se pode conhecer senão através de um certo número de pressupostos mais ou menos deformantes, por intermédio de um instrumental conceitual mais ou menos adequado, e o espaço, tomado como objeto de conhecimento, isto é, as diferentes representações do espaço real (dos pintores, dos matemáticos, dos astrônomos, dos geógrafos...) que evoluíram historicamente em simultâneo com a descoberta progressiva que não será jamais terminada (pois a história não está acabada). Essas representações do espaço são ferramentas de conhecimento que devemos melhorar e construir, de forma a torná-las mais eficazes, para nos permitir compreender melhor o mundo e suas transformações.

Após essa longa reflexão sobre o delicado problema das escalas, dos níveis de análise e dos espaços de conceituação, pode-se notar até que ponto as observações e os raciocínios geográficos são função da medida do espaço levado em consideração e critérios dessa escolha. Podem-se medir melhor as consequências da orientação durável que a obra de Vidal de la Blache parece ter dado às reflexões dos geógrafos, não somente na França, mas também em numerosos outros países.

O mérito principal que se reconhece em Vidal de la Blache é o de ter mostrado, pela análise monográfica aprofundada das "realidades regionais", a complexidade das interações que se estabeleceram no decurso da história, entre os fatos físicos e os fatos humanos. O quadro que Vidal dá às suas observações e às suas reflexões é a "região", que ele apresenta como a "realidade geográfica" por excelência.

Esse expediente que postula a possibilidade de reconhecimento imediato das "individualidades geográficas", essa ilusão ou esse estratagema

---

da superestrutura política...; um tempo e uma história próprios [...] das formações científicas [...]. A especificidade de cada um desses termos, de cada uma dessas histórias [é fundamentado] sobre um certo tipo de articulação no todo, portanto sobre um certo tipo de dependência em relação ao todo [...]. A especificidade desses tempos e dessas histórias é portanto *diferencial*, uma vez que ela é baseada nas relações diferenciais existentes no todo entre os diferentes níveis".

da familiaridade com o real que faz acreditar que a descrição reúne todos os elementos possíveis, enquanto ela resulta, na verdade, de escolhas muito estritas, vão permitir aos geógrafos evitar problemas epistemológicos fundamentais.

Vidal de la Blache colocando, graças ao seu prestígio e ao seu talento, a "monografia regional" no ápice da geografia universitária, fechou, de uma certa forma, a investigação geográfica nos limites dados de um único espaço de predileção.

Desde então, a observação e o raciocínio se acham, no que é essencial, bloqueados num único nível de análise, aquele que permite apreender "a região", espaço de conceituação única, escolhido para poder apreender as extensões delimitadas pelas antigas fronteiras provinciais e, sobretudo, as paisagens. Ora, a descrição das paisagens corresponde, de fato, a certo nível de análise, o que permite apreender as formas de relevo que são consideradas como a arquitetura essencial dessas paisagens. Mas esse nível de análise não é o que permite apreender convenientemente os problemas econômicos, sociais e políticos.

O fato de privilegiar certos níveis de análise que correspondem a certos tipos do espaço de conceituação provoca, por razões que já evocamos antes, a deformação ou a ocultação dos fatores que não podem ser convenientemente apreendidos senão em outros níveis de análise. Esses fatores se encontram, disfarçadamente, afastados do raciocínio, por efeito de uma verdadeira filtragem de informações, que consiste em delimitar, *a priori*, o tipo de espaço que deve ser, preferencialmente, considerado. Assim, sem que isso transpareça no discurso, portanto, sem que haja necessidade de justificá-lo, encontram-se afastadas as referências a um grande número de fatores "físicos", econômicos, sociais e políticos. Para perceber seu papel nas combinações geográficas, seria preciso alçar-se a outros níveis de análise e considerar espaços menos extensos, ou mais extensos, em função de outros critérios de abordagem. Mas a "personalidade da região" percebida na sua condição de dado é um conceito dominante que constitui obstáculo. Ele permite seguir um discurso facilmente coerente, uma vez que corresponde a um único nível de análise. Além do mais, a lembrança das "individualidades" regionais pode se enfeitar dos atrativos literários de múltiplas imagens antropológicas.

Tudo aquilo que contribuiu para mascarar o problema da escolha das escalas de observação e de representação e o problema de articulação dos diferentes níveis de análise teve graves consequências para a evolução da geografia universitária e para a reflexão teórica sobre os problemas espaciais. Ainda uma vez, tudo isso não só concerne aos geógrafos, mas ao conjunto dos cidadãos, pois, na medida em que o discurso dos professores de geografia impregnou largamente a opinião, as carências desse discurso foram um grave *handicap* para uma tomada eficaz de consciência dos problemas geográficos em amplos meios.

9
AS DIFERENTES ORDENS DE GRANDEZA E OS DIFERENTES NÍVEIS DA ANÁLISE ESPACIAL

Quer se trate de cartas, de observações, ou raciocínios, é preciso constatar que essa distinção entre grande e pequena escala é ambígua e daí resulta certo número de confusões e de dificuldades: para começar, uma carta de 1/200.000, por exemplo, será classificada entre as cartas de grande escala em relação a uma carta de 1/10.000.000, mas a carta de 1/200.000 será considerada de pequena escala em relação à de 1/20.000. Além disso, a escolha de escalas diferentes não determina, necessariamente, levar-se em consideração espaços de conceituação diferentes, que têm, *grosso modo*, mil quilômetros do Norte ao Sul, pode ser representado em escala bem pequena, de 1/10.000.000, por exemplo (o mapa, se for limitado à França, terá 10 cm de lado), ou em escala maior ao milionésimo, por exemplo (o mapa da França terá então um metro de lado). Mas se esses dois mapas só mostram, no essencial, o território francês, o espaço de conceituação permanecerá o mesmo, apesar da diferença de escala. Em contrapartida, se a carta de 1/10.000.000 não se limita à França, mas representa um espaço bem mais vasto – uma grande parte da Europa –, o espaço de conceituação muda e podem-se colocar os problemas das relações da França com outros Estados. A mudança de escala é uma condição necessária, mas não suficiente,

A geografia 81

da pluralidade dos espaços de conceituação; ela é o resultado da vontade de aprender os espaços de tamanhos diferentes, na realidade.

É preciso, pois, basear os diferentes níveis da análise do raciocínio geográfico, não sobre as diferenças de escala, que são as relações de redução segundo as quais se efetuam as diversas representações cartográficas da realidade, mas sobre diferenças de tamanho que existem na realidade entre os conjuntos espaciais que vale a pena tomar em consideração. Isso permite detectar inúmeras ambiguidades (por exemplo, entre pequena e grande escala), mas também acentuar as diferenças que existem entre os conjuntos espaciais que relevam do mesmo conceito, o Estado, por exemplo. Diz-se, com frequência, que é preciso colocar os problemas em âmbito local, regional e no quadro do Estado. Mas de qual Estado se trata? Não se devem levar somente em consideração as diferenças de regime político, mas também diferenças de dimensões espaciais (e há também diferenças de dimensões demográficas). Há Estados, tais como a URSS ou o Canadá, em que as dimensões se medem em milhares de quilômetros; outros, como a França, cujas dimensões se medem em centenas de quilômetros; aqueles, enfim, como Israel ou o Kuwait, que se medem em dezenas de quilômetros. E as regiões, esses subconjuntos que convém distinguir no quadro desses Estados de tamanhos tão dessemelhantes, possuem também ordens muito diferentes de grandeza, e os termos utilizados para descrever seus diversos aspectos emergem de um grau de abstração tanto mais avançado quanto se possa pensar que elas se estendem sobre dezenas, centenas ou milhares de quilômetros. Não é a mesma coisa descrever um subconjunto regional da URSS e uma região francesa.

Não é suficiente, portanto, classificar os conjuntos espaciais em função das diversas disciplinas científicas que analisam, cada qual, uma porção da realidade (conjuntos geológicos, climatologia, botânica, demografia, sociologia, economia etc.). É preciso também classificar essas diferentes categorias de conjuntos espaciais, não em função das escalas de representação, mas em função de suas diferenças de tamanho, na realidade. Podem-se ordenar a descrição e o raciocínio geográfico em diferentes níveis de análise espacial que correspondem a diferentes ordens de grandeza dos objetos geográficos, isto é, os conjuntos espaciais que é preciso levar em consideração para perceber a diversidade de combinações de fenômenos à superfície do globo. Entre esses conjuntos, os mais vastos fazem o contorno da Terra (40 mil km); os menores, que estão figurados numa carta em escala bem grande, têm alguns metros (casa, rochedo, bosque, poço etc.). Pode-se combinar de chamar:

- Primeira ordem de grandeza, a dos conjuntos espaciais cuja maior dimensão se mede em dezenas de milhares de quilômetros: continentes e oceanos, grandes zonas climáticas, mas também um conjunto geográfico como o Terceiro Mundo, o grupo dos países do Pacto de Varsóvia ou da Otan. Pode-se notar que esses enormes conjuntos não são tão numerosos e que eles são vistos num grau muito pronunciado de abstração.

- Segunda ordem de grandeza, a dos conjuntos cuja maior dimensão se mede em milhares de quilômetros: Estados como a URSS, o Canadá, a China, conjuntos como o mar Mediterrâneo, uma grande cadeia de montanhas como os Andes.

- Terceira ordem de grandeza, a dos conjuntos em que a maior dimensão se mede em centenas de quilômetros: Estados como a França, o Reino Unido, as grandes regiões "naturais" como a bacia parisiense, cadeias de montanhas como os Alpes, os subconjuntos regionais dos Estados muito grandes.

- Quarta ordem de grandeza, a dos conjuntos em que as dimensões se medem em dezenas de quilômetros – conjuntos extremamente numerosos: pequenos maciços montanhosos, grandes florestas, aglomerações muito grandes, subconjuntos regionais de Estados que decorrem da terceira ordem de grandeza.

- Quinta ordem de grandeza, a dos conjuntos ainda mais numerosos, cujas dimensões se medem em quilômetros.

- Sexta ordem de grandeza, a dos conjuntos cujas dimensões se medem em centenas de metros.

- Sétima ordem de grandeza, aquela de inumeráveis conjuntos, cujas dimensões se medem em metros.

A geografia 83

É, de início, em função dessas diferentes ordens de grandeza que se faz a escolha das escalas, mas também em função da comodidade de consulta ou de publicação do documento cartográfico e do grau de precisão desejado: se é excluída a representação dos conjuntos de quinta ordem em escalas menores do que 1/50.000, pode-se, em contrapartida, representar conjuntos de primeira ordem em escalas que vão do décimo milionésimo ao ducentésimo milionésimo, segundo se queira dispor de um grande ou de um pequeníssimo planisfério, mas é sempre o mesmo espaço de conceituação: o conjunto do mundo. É, portanto, em função das diferentes ordens de grandeza (e não mais em função das escalas, como eu fiz no texto de 1976) que convém distinguir os diferentes níveis de análise, cada qual deles podendo ser representado pelo plano no qual pode ser cartografada (na mesma escala) e analisada uma interseção de conjuntos espaciais que podem decorrer de categorias científicas as mais diversas, mas que são da mesma porção dimensional. Se esses conjuntos de dimensão planetária (primeira ordem) são muito pouco numerosos e se é fácil recensear e representar a maior parte sobre o mesmo planisfério, sob a condição de que a escala de redução não seja muito pequena, em contrapartida, o número de conjuntos possíveis se torna cada vez maior à medida que seu tamanho diminui (quinta, sexta, sétima ordem de grandeza) e, no meio dessa massa quase incontável, a escolha se efetua em função da prática, em função do gênero do problema que se coloca, em função da ação que se quer praticar.

E é em função da prática que é preciso colocar o difícil problema da articulação dos diferentes níveis de análise. De fato, se é relativamente fácil perceber, para cada nível, as interseções de conjuntos da mesma ordem de grandeza que é interessante, útil, prudente levar em consideração, levando-se em conta o que se quer fazer, é, por outro, lado bem mais difícil e arriscado articular uns aos outros esses diferentes níveis de interseção, de passar das combinações de conjuntos relativamente concretos da quinta e sexta ordem às de segunda ou terceira ordem, bem mais abstratas no quadro de um vasto Estado. É também muito difícil passar de um plano de operação visto em nível nacional à sua execução no terreno, isto é, ao nível local; é uma das dificuldades dos grandes programas de desenvolvimento agrícola: aquilo que é planificado em nível de Estado ou região deve ser realizado no quadro da pequena exploração do campo sobre tal vertente, do arrozal estabelecido em tal fundo de vale.

A articulação dos diferentes níveis de análise, portanto, interseções de conjuntos espaciais de muitas diversas categorias científicas é, na realidade, um raciocínio de tipo estratégico; sua adequação e seus erros são sancionados pela vitória ou pela derrota em face das finalidades que nos propúnhamos atingir, ele corresponde à articulação daquilo que se chama, em todos os exércitos, a estratégia e a tática (há, aliás diferentes níveis estratégicos e diferentes níveis táticos que correspondem às diferentes ordens de grandeza de conjuntos espaciais). Mas esse expediente operacional, ao qual devem ser afeitos os oficiais do estado-maior, não se limita ao domínio dos militares. Ele é eficaz, indispensável mesmo, em muitos outros domínios – na verdade, para todos os tipos de reflexões e empreendimentos, desde que precisem considerar o espaço, o que acontece com a maioria das ações humanas.

A maior parte dos cidadãos se submete passivamente, e não sem mal-estar, às distorções de uma espacialidade cada vez mais "diferencial" (p. 45), onde se entremisturam, de forma opaca, fluxos regionais, nacionais, multinacionais sobre as particularidades de cada situação local. A distinção sistemática de diferentes níveis de análise espacial é um instrumental conceitual relativamente simples, que pode ajudar cada qual a até ver mais claro, a melhor compreender o que se passa. Mas se trata de intervir numa situação local, para modificá-la, e, sobretudo, se os objetivos são complexos, a articulação desses diferentes níveis de análise é um procedimento difícil, arriscado e seria perigoso fazer acreditar que qualquer um pode se improvisar como estrategista e geógrafo. Trata-se, com efeito, de levar em consideração um grande número de fatores geológicos, climáticos, pedológicos, demográficos, sociais, econômicos, políticos, culturais que são trunfos, obstáculos, *handicaps* e que se misturam de forma tanto mais complicada por terem, cada um, sua própria configuração espacial. Para fazer compreender como é eficaz articular, em função dos fins fixados e dos meios, que se dispõe, essas interseções de conjuntos espaciais tão diferentes e dissemelhantes pelo tamanho, seria preciso dar exemplos precisos[1]

---

1. Eu apresentei um certo número no meu livro *Unidade e diversidade do terceiro mundo. Das representações planetárias às estratégias sobre o terreno*, La Découverte, 1984.

mostrando como estratégias foram concebidas ou improvisadas e executadas em situações concretas e quais foram as consequências desses empreendimentos, suas vitórias ou suas falhas. É de notar que essas últimas podem, frequentemente, ser imputadas a erros na análise das situações geográficas e sobretudo ao desconhecimento de uma das ordens de grandeza. O caminho da geografia ativa, aquele que associa raciocínio estratégico e raciocínio geográfico, não é fácil, mas aparece como indispensável.

Pois a geografia não serve *somente* para fazer a guerra.

Esse esquema ilustra essa maneira de pensar o espaço baseado fundamentalmente sobre a combinação de dois métodos de análise espacial: de um lado, a distinção sistemática de diferentes níveis de análise, segundo as diferentes ordens de grandeza, segundo as dimensões que têm os múltiplos conjuntos espaciais, na realidade; de outro lado, a cada um desses níveis, o exame sistemático das interseções entre os contornos dos diversos conjuntos espaciais da mesma ordem de grandeza.

Sobre esse desenho foi, sem dúvida, dada arbitrariamente aos conjuntos espaciais a forma de "batata", como fazem os matemáticos quando expõem os rudimentos da teoria dos conjuntos e suas interseções. Mas, evidentemente, os conjuntos espaciais têm, sobre as cartas, contornos infinitamente variados: há os lineares (um grande eixo de circulação), digitados (uma rede fluvial), em "arquipélago" etc.

No alto do esquema, o plano 1 corresponde ao nível de análise das interseções de conjuntos da primeira ordem de grandeza, aquelas cujas dimensões se medem em dezenas de milhares de quilômetros. Esse plano é o dos planisférios, representando toda a superfície do globo, ao centro desse plano 1 o pequeno retângulo marcado 2 corresponde à extensão do quadrilátero arbitrariamente levado em consideração, no segundo nível da análise, aquele que permite o exame das interseções de conjuntos da segunda ordem de grandeza, aqueles cujas dimensões se medem em milhares de quilômetros. Ao centro desse plano 2, o pequeno retângulo marcado 3, corresponde à extensão do quadrilátero levado em consideração no terceiro nível de análise, o que permite o exame das interseções dos conjuntos da terceira ordem de grandeza, aqueles cujas dimensões se medem em centenas de quilômetros. E assim por diante.

Sobre o plano 2 desse desenho, representou-se a título de exemplo por um traço comprido e tênue, uma porção dos contornos de um conjunto A da primeira ordem de grandeza e que só pode ser visto completamente nesse primeiro nível de análise.

Sobre o plano 3, representou-se uma porção dos contornos de um conjunto F, que não pode ser visualizado completamente senão na segunda ordem de grandeza. E assim por diante.

As características geográficas de um lugar preciso, ou a interação dos fenômenos que é preciso considerar para agir nesse lugar e sobre o desenho é o ponto X que se encontra no centro de cada um dos planos – não podem ser estabelecidos senão com referência às interseções dos diferentes conjuntos dos diversos níveis de análise. Estrategicamente, cada conjunto corresponde a um fator favorável ou a um fator desfavorável para a ação empreendida.

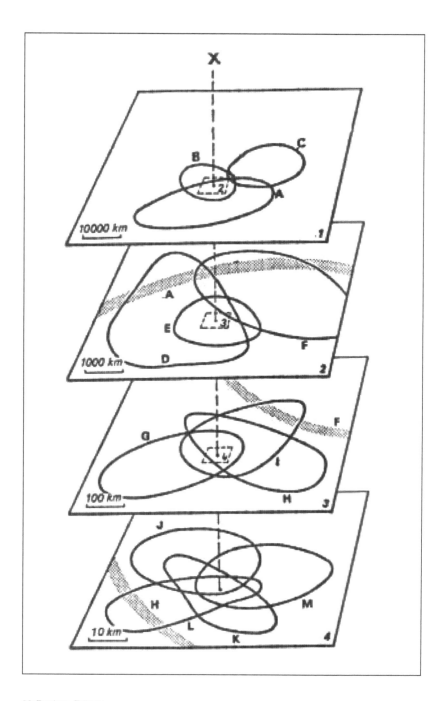

10
AS ESTRANHAS CARÊNCIAS EPISTEMOLÓGICAS DA GEOGRAFIA UNIVERSITÁRIA

Faz somente uns vinte anos que começamos a nos preocupar com a falta quase total de toda reflexão teórica na corporação dos geógrafos universitários. Enquanto essa disciplina deveria ter incitado amplos debates epistemológicos, ao menos por sua posição na junção das ciências naturais e das ciências sociais e pelo número de "empréstimos" que ela fez a essas múltiplas ciências, os geógrafos propalaram um desprezo pelas "considerações abstratas" e frequentemente se gabaram de um "espírito terra a terra". Até esses últimos anos, as raras declarações teóricas reservadas aos mestres que atingiram o pico da carreira colocaram a tônica sobre seu desejo de ver mantida a "unidade" da geografia: unidade afirmada no plano do princípio entre uma geografia "física" e uma geografia "humana" que são, de fato, cada vez mais separadas na prática universitária.

Enquanto em outras disciplinas é, desde há muito, julgado indispensável definir uma problemática, os geógrafos continuaram a fazer como se eles só tivessem que ler, sem problemas, "o grande livro aberto da natureza".

Em suma, a maior parte dos geógrafos teoriza o menos possível e se contenta em afirmar, sem pejo, que "a geografia é a ciência da síntese", chegando a convir, às vezes, que a "geografia não pode se definir, nem por seu objetivo, nem por seus métodos, mas sobretudo por seu ponto de vista"[1].

Tais declarações traduzem, a um só tempo, um desconhecimento real das características não menos sintéticas das disciplinas às quais recorrem os geógrafos, seu isolamento (pois tais propósitos deveriam ter provocado uma indignação) e sua pequena preocupação com problemas teóricos, mesmo os mais fundamentais, que deveriam abordar todas as ciências e há muito tempo. Aliás, numerosos geógrafos não escondem suas prevenções com respeito às "considerações abstratas" (especialmente às dos economistas, sociólogos) e acham uma glória a sua predileção pelo "concreto". Alguns deles não proclamaram "a geografia, ciência do concreto" sem ter dúvidas sobre os sorrisos que uma tal declaração não deixará de provocar, ao menos quando ela é conhecida fora do meio dos geógrafos, o que não é, finalmente, bastante raro? Mas sumárias como possam ser, essas declarações "epistemológicas" que procedem de mestres no final de suas carreiras têm sido relativamente raras até esses últimos anos e os geógrafos, só de quando em quando, se perguntam o que pode ser a geografia. Um deles[2], e não dos menos ilustres, diante dos seus colegas reunidos em colóquio, caracterizou a geografia como "um espírito terra a terra".

Foi apenas de alguns anos para cá que certo número de geógrafos começou a tomar consciência dos problemas que coloca a geografia. Disso resultou uma sequência de reflexões sobre sua disciplina, mas todas camuflaram, até agora, o papel da geografia como instrumento do poder político e militar.

Essa recusa da reflexão epistemológica que caracterizou o geógrafo por muito tempo, sobretudo na França, é mais surpreendente ainda, porque os geógrafos utilizam as aquisições de numerosas disciplinas, muito diferentes por seus métodos e por seu instrumental conceitual. De fato, os geógrafos não falam, tudo junto, de geologia como de sociologia, de climatologia, como de economia, de demografia e de hidrologia, de etnologia e de botânica etc.? Esse comportamento de tocar de leve em tudo não lhes

---
1. O artigo "Geografia", *Encyclopaedia universalis*.
2. J. Labasse, *A organização do espaço*, Hermann.

criou, aliás, grandes problemas no momento: sem dúvida, acontece frequentemente que o economista de um lado, ou o geólogo de outro, se diverte com a falta de competência dos geógrafos (o geógrafo é, evidentemente, um geólogo bem fraco e um medíocre economista), mas o sincretismo geográfico não é nunca criticado globalmente como tal, em nome de princípios epistemológicos de base. Uma das finalidades fundamentais da geografia é o estudo das interações espaciais entre os fenômenos que são analisados por ciências tão diversas umas das outras. Isso implica a preocupação constante das especificidades epistemológicas de cada uma delas. Ora, os geógrafos dão prova, exatamente, da atitude inversa. Eles não podem, portanto, no momento, senão justapor esses diversos elementos extraídos de discursos diferentes.

O pouco interesse que os geógrafos têm mostrado para questões epistemológicas ou, mais modestamente, metodológicas, é tanto mais surpreendente pelo fato de eles precisarem constantemente prolongar e transformar os trabalhos dos diferentes especialistas. De fato, desses discursos tão diferentes, o geógrafo extrai elementos, na medida em que ele pode relacioná-los a uma certa porção do espaço terrestre que quer descrever, na qualidade de lugar de interação de diversos fenômenos. Ora, esses especialistas, dos quais o geógrafo procura utilizar os trabalhos, não têm, necessariamente, referências espaciais idênticas e trabalham em escalas diferentes. Em função dos métodos de sua própria disciplina, ou por outras exigências, cada um deles faz referência explicitamente, ou implicitamente (pois o quadro espacial não é essencial para eles), seja a um espaço mais amplo, seja bem menor, seja a certo número de lugares, que não correspondem à "região" que estuda o geógrafo. Este último deve, portanto, "tirar partido" de documentos dessemelhantes, tanto pelos instrumentais conceituais que permitiram elaborá-los como por suas correspondências espaciais. Para descrever uma certa porção do espaço terrestre, o geógrafo se vê, portanto, conduzido a fazer uma gama de raciocínios que se aparentam, mais ou menos desastrosamente, ao mecanismo de cada uma das disciplinas utilizadas.

Essa finalidade tão complexa e delicada, fundamental no mecanismo geográfico, deveria ter sido normalmente uma razão suficientemente poderosa para que os geógrafos viessem a se preocupar com as características epistemológicas das outras ciências, das quais eles teriam de interpretar e completar os trabalhos.

Na verdade, na maioria dos casos, nada disso aconteceu, e os geógrafos tentam sair do impasse, mais ou menos bem, pela força do seu faro, e com a experiência, de modo o mais empírico, tomando do discurso das outras disciplinas aquilo que lhes parece útil ou digno de interesse, sem contudo ter estabelecido claramente as razões dessas escolhas.

Igual indiferença com relação aos critérios das seleções operadas nas descrições das paisagens que ocupam um grande lugar na literatura geográfica e para as descrições de diversas situações geográficas: o geógrafo escolhe, por meio de enorme massa de sinais, aqueles que lhe parecem significativos, sem se interrogar, de fato, sobre as razões dessas escolhas.

Da mesma maneira, ele escolhe toda uma gama de espaços: seu tamanho vai desde o de uma aldeia até o do planeta; de um momento a outro de sua descrição racional, ele escolhe fazer referências a outros espaços maiores ou menores; ele aborda primeiro tais fenômenos, depois outros, mas sem dizer por que deixa de lado importantes aspectos da "realidade". Basta observar as diferenças que existem entre as descrições de espaços idênticos que foram efetuadas por geógrafos diferentes, para medir a parte da subjetividade nesses procedimentos que eles consideram objetivos. Claro, toda percepção, toda observação é uma sequência de escolhas, mas é próprio do procedimento científico procurar estabelecer, metodicamente, os critérios de seleção e as funções desses critérios. Também com seu jeito enciclopédico, o que não exclui, contudo, curiosas lacunas, a geografia pode aparecer como uma das formas típicas de um saber pré-científico, cuja sobrevivência não parece se explicar senão pelo lugar que ela ocupa nas instituições escolares ou universitárias.

Essas carências deveriam ter instigado os filósofos epistemológicos a tomar a geografia como alvo. Ora, apesar dos exemplos quase esquecidos (o de Kant, que foi aliás professor de geografia durante um certo tempo), os filósofos dão prova de uma indiferença quase total em relação à geografia. Mas a indiferença depreciativa dos filósofos para com a geografia lhes assegurou, na realidade, uma espécie de imunidade que reforçou seu *status* de discurso pedagógico ou de saber institucionalizado pela universidade. Sem dúvida, na medida em que os filósofos se interessaram pelas ciências para ali encontrar um objeto, um pretexto para filosofar, ou um trampolim para a verdade, é evidente que a geografia não apresentou qualquer interesse a seus olhos. Interessam-se no Tempo, mas bem pouco no Espaço, embora essas duas categorias estejam estreitamente ligadas. Os "arqueólogos do saber", que, no entanto, examinam com cuidado diferentes províncias do pensamento pré-científico, não prestam qualquer atenção à geografia. É sem dúvida porque seu interesse se dirige principalmente sobre os cortes epistemológicos que permitiram o aparecimento das ciências atuais e que a geografia não é, ainda, provavelmente conhecida por qualquer ruptura fundamental.

Contudo, a indiferença dos filósofos com respeito à geografia aparece como das mais surpreendentes quando se toma conhecimento do número e do tamanho dos problemas epistemológicos que coloca, a despeito das aparências, o discurso dos geógrafos. Assim, por exemplo (se bem que eles não tenham ainda procurado chegar a um acordo sobre uma definição da geografia), proclamam eles, quase unanimemente, que uma de suas razões capitais de ser é o estudo das interações entre o que eles chamam os "fatos físicos" e os "fatos humanos": a geografia não decorre nem exclusivamente das "ciências naturais" nem tão somente daquilo que se convencionou chamar as "ciências sociais". Daí resulta que a existência dessa geografia, mesmo sob a forma modesta e criticável de um saber institucionalizado com pretensão científica, coloca em xeque esse corte fundamental entre natureza e cultura, corte este que determina, no ponto de partida, a organização do sistema das ciências.

E significativo constatar que os geógrafos poderiam muito bem se afirmar no cruzamento de três conjuntos do saber: o das ciências da matéria, o das ciências da vida e o das ciências sociais. Mas eles se referem implicitamente a essa dicotomia filosófica, que se quer radical, entre o domínio das coisas e o domínio dos homens, para pretender fundar o estatuto da geografia: uma coesão entre o conhecimento dos fatos físicos, isto é, a "natureza", e a dos fatos humanos. Quaisquer que sejam as formas pelas quais os geógrafos tenham caracterizado a geografia, "ciência das paisagens" ou "ciência dos meios naturais para uma ecologia da espécie humana", "ciência das formas da diferenciação espacial", "ciência do espaço" ou a "geoanálise", se encontra a preocupação de estudar as interações entre "fatos humanos" (que decorrem especificamente das ciências humanas, sociais ou econômicas) e os "dados naturais" (que são do âmbito das ciências da matéria e das ciências da vida).

À vista dos diferentes sistemas das ciências, a geografia cria problemas, mas os filósofos não fizeram caso, embora, sem dúvida, não lhes faltassem argumentos para recusá-la.

Hoje essa relação de exclusão entre natureza e sociedade, que está no fundamento da organização do saber, começa a ser questionada pelos filósofos.

Para fazê-lo, eles expõem argumentos novos que correspondem, em enorme proporção, àquilo que dizem, evidentemente de uma forma bem diversa, numerosos geógrafos desde há decênios. Ora, esses filósofos[3], embora estejam lidando com trabalhos de grande número de disciplinas científicas, bastante especializadas, não fazem, contudo, a menor alusão àquilo com que a geografia poderia contribuir nessa tese, mesmo que tenham lido as obras célebres de certos geógrafos.

Uma prática universitária que é, cada vez mais, a negação do projeto global

Já não é sem interesse constatar que se faz silêncio sobre a geografia, embora o estatuto que lhe atribuem os geógrafos coloque em causa, implicitamente, a organização geral dos conhecimentos. Mas esse silêncio aparece ainda como mais surpreendente quando se atenta a isso que é a evidência: enquanto eles propalam, quase unanimemente, que a razão de ser da geografia é o estudo das interações entre "fatos físicos" e "fatos humanos", em sua prática os geógrafos parecem se preocupar muito pouco com essas interações: uns só se preocupam com a "geografia física" (esta acaba por constituir o essencial da disciplina, em certos sistemas de ensino, como o da URSS, por exemplo), enquanto outros se ocupam essencialmente

---

3. Por exemplo, Serge Moscovici, *Ensaio sobre a história humana da natureza*, 1968; *A sociedade contra a natureza*, 1972.

com a "geografia humana". A prática da maioria dos geógrafos aparece, portanto, como a negação dos princípios que eles afirmam.

Essa institucionalização do corte entre "geografia física" e "geografia humana" (no nível da separação dos cursos, dos manuais, dos programas do liceu e da faculdade, que leva em conta isso como critério de recrutamento dos pesquisadores e professores do ensino superior) podia ser um poderoso argumento que permitiria aos filósofos e outros demonstrar o caráter tendencioso do projeto de uma geografia unitária ou de coesão. Mas esses se abstiveram de toda crítica ou comentário; como se fosse preferível deixar de falar, de uma vez, da geografia.

Essa clivagem entre os "geógrafos físicos" e os "geógrafos humanos" se acentua na medida em que uns devem "seguir" os progressos das ciências físicas e naturais que se tornam cada vez mais precisas, enquanto outros procuram aplicar os novos métodos das ciências sociais. A distância se torna tão pronunciada entre esses dois grupos de geógrafos que alguns reclamaram o abandono explícito do projeto da geografia unitária para poder tirar proveito dos progressos de uma divisão do trabalho científico.

É significativo que os geógrafos tenham, durante muito tempo, negligenciado, tanto no ensino como em sua pesquisa, o estudo dos solos e das formações vegetais que são hoje, por excelência, sobre a maior parte dos continentes, o resultado dessas interações entre fatos "físicos" e "humanos", interações que se continua a apresentar, no entanto, como a razão de ser da geografia. Do mesmo modo, o geógrafo dedica pouco interesse aos problemas de meio ambiente, da poluição, embora eles também sejam o resultado dessas interações entre "meio natural" e atividades humanas. Em contrapartida, pela tradição de uma prática não menos significativa, os geógrafos dedicam um interesse todo especial às estruturas geológicas que, no entanto, só intervêm muito indiretamente e bem acessoriamente nas famosas "interações".

Claro, existe a "geografia regional", esse terceiro pedaço resultante da divisão oficializada da geografia. Essa geografia regional, que é encarregada de manter "a unidade" da geografia, reúne, a propósito desta ou daquela parte do espaço terrestre, elementos diversos que são extraídos do discurso do geólogo, do climatólogo, do técnico em hidráulica, do botânico etc., como também do demógrafo, do etnólogo, do economista e do sociólogo. A diversidade desses empréstimos é habitualmente considerada a prova de um expediente que apreenderia efetivamente as interações entre fenômenos estudados, especificamente, por diversos especialistas. Ora, é preciso constatar que na maior parte dos casos, na maioria dos cursos e dos manuais de "geografia regional" essa análise das interações é, com efeito, uma enumeração numa determinada ordem (1- relevo; 2- clima; 3- vegetação; 4- rios; 5- população etc.) dos diferentes elementos de discursos emprestados às outras disciplinas, que são justapostos uns aos outros. Essa justaposição, essa enumeração que é manifesta nos manuais do secundário, nos cursos do ensino superior, nos artigos geográficos das enciclopédias, se encontra, se bem que de forma menos evidente, às vezes, e apesar do talento de geógrafos de renome, nas grandes linhas que estruturam as teses de geografia regional, que fizeram a fama da escola geográfica francesa.

Como poderia ser de outra forma quando a "geografia geral", que fornece o essencial do instrumental conceitual utilizado nos estudos de "geografia regional", caracteriza-se desde há decênios por essa ruptura, cada vez mais acentuada, entre "geografia física" e "geografia humana"? Essa clivagem tem o efeito de tornar, se não impossível, ao menos difícil essa análise das interações entre os fatores de diversas naturezas que pretendem efetuar os geógrafos.

Essa ruptura entre "geografia física" e "geografia humana", que se manifesta ainda com maior fracionamento no discurso enciclopédico da "geografia regional", essa negação na prática do ensino e da pesquisa do projeto que pretendem perseguir os geógrafos, não só traduz as dificuldades reais de sua empreitada, mas também, e sobretudo, sua desconfiança, ou até sua recusa, em relação a toda reflexão epistemológica. Da mesma forma que pretendem apreender diretamente aquilo que chamam, de uma forma bem sintomática, de os "dados" geográficos, sem se importar com os pressupostos de suas observações, confundindo assim o objeto real e o objeto de conhecimento, os geógrafos também consideram que os diversos elementos que eles extraem do discurso dos diferentes especialistas são simples "dados". No entanto, o geólogo, o climatólogo, o botânico, o demógrafo, o economista, o sociólogo, dos quais a geografia utiliza uma parte dos trabalhos, colocaram cada um deles em utilização um método e um instrumental conceitual que são específicos de uma ciência particular, cujos objetivos não são os da geografia. O geógrafo, que não se preocupa muito com a construção dos conceitos e que emprega constantemente noções extremamente vagas (região, país...), utiliza as produções das outras disciplinas sem questionar as mesmas, da mesma forma que não coloca questões a propósito da geografia.

11
AUSÊNCIA DE POLÊMICA ENTRE GEÓGRAFOS. AUSÊNCIA DE VIGILÂNCIA A RESPEITO DA GEOGRAFIA

Essa carência epistemológica que demonstram os geógrafos traduz, sem dúvida, mas de forma bem inconsciente, o mal-estar epistemológico original da geografia dos professores, a transformação de um saber estratégico num discurso apolítico e "inútil". Isso resulta, em boa parte, da influência das ideias "vidalianas".

A transformação de um saber, que foi explicitamente político, num discurso que nega seu significado político, que aceita renunciar à eficiência e que se amputou das ciências sociais, pode parecer uma operação impossível de realizar, ao menos sem polêmicas muito violentas. Elas não se manifestam nunca.

No entanto, Vidal de la Blache não foi, embora o digam, o primeiro "grande" geógrafo da França. Houve antes Elisée Reclus (1830-1905), cuja obra conheceu um sucesso considerável, na França e no exterior, no meio de um vasto público, fora dos sistemas escolares, desde os meios cultos da alta burguesia até os grupos de extrema-esquerda. Para o grande pensador anarquista, a geografia não somente não pode ignorar os problemas políticos mas ela permite colocá-los melhor, ou revelar a importância dos mesmos.

Contudo, o antigo *communard**, proscrito da França, não pôde criar uma "escola", e seu nome foi cuidadosamente esquecido na universidade, em particular por aqueles que "pilharam", sem vergonha, os 19 tomos de sua grande *Geografia universal*, às vezes para se utilizar de numerosas passagens dessa obra naquela que estava colocada sob a patronagem de Vidal.

Este último foi, na França, o primeiro mestre da geografia dos professores; sem rival, ele escolheu os seus discípulos, os quais, instalados em sua cátedra de província, fizeram o mesmo, apegando-se à fiel reprodução das orientações fundamentais, cuidando, sobretudo, mas sem mesmo percebê-lo, para que nenhuma reflexão teórica pudesse comportar o risco de questioná-los.

Contudo, essa carência epistemológica dos geógrafos não pode ser explicada somente pelo mecanismo de reprodução das ideias dos mestres no sistema universitário, nem pelo caráter mais fortemente mistificador de sua posição teórica.

O sistema universitário não impediu as polêmicas em outras disciplinas. Em geografia, conflitos de pessoas, sim, mas nada de problemas (ou quase nada...).

Assim, quando após 1950 um geógrafo como Pierre George começou a estabelecer pontes com a sociologia e a economia, encetou o estudo dos fenômenos industriais e urbanos que estavam ocultos desde Vidal e, "pior ainda", poderíamos dizer, mostrou a importância da distinção entre países capitalistas e países socialistas; essa orientação que ia, no entanto, radicalmente contra a geografia vidaliana, suscitou muitas rusgas de corredor, mas nenhum debate teórico.

A indolência dos geógrafos com relação aos problemas teóricos, indolência que se estabeleceu desde alguns anos, entre certas pessoas, com alergia às vezes brutal, é acompanhada por sua preocupação em evitar toda e qualquer polêmica que possa desembocar num problema teórico.

Também é mais seguro se abster de qualquer debate. Cada pesquisador, alçado ao grau de doutor, não é senão aquele que conhece melhor "sua"

---

* N.T.: *Communard* – *partisan* da Comuna de Paris (1871).

região. Numa época em que só havia um número muito restrito de professores de geografia nas faculdades, o sistema das cátedras deu durante um longo tempo o monopólio a cada mestre, no bojo de sua universidade, desta ou daquela parte da geografia, o que limitava as divergências de opinião: para um, a geografia física, para outro, a geografia humana, a um terceiro, a "regional".

Não se pode compreender a influência exercida pelo pensamento de Vidal de la Blache se teimarmos em só considerar os efeitos negativos; devem-se também sublinhar seus aspectos positivos, pois são esses que tornaram possível, em grande parte, seu papel preponderante até uma época recente.

A escola geográfica francesa, da qual Vidal de la Blache foi o mestre pensante, teve de tirar a marca da geografia alemã, especialmente do pensamento de Ratzel. E com razão, pois esta última aparecia, evidentemente, como uma legitimação do expansionismo do Reich. Contudo, embora a obra de Ratzel seja desconhecida na França, certas ideias que ele havia desenvolvido se encontram na geografia humana francesa.

Com o *Quadro da geografia da França* e com as grandes teses que ele inspirou, ou os 15 tomos da *Geografia universal* (A. Colin), cuja concepção ele influenciou, Vidal de la Blache introduziu a ideia das descrições regionais aprofundadas, que são consideradas como a forma, a mais fina, do raciocínio geográfico. O método vidaliano de descrição regional é, evidentemente, bem melhor que o de Reclus: se o geógrafo libertário dá tudo de si quando ele toma o Estado como espaço de conceituação, suas descrições das regiões francesas parecem singularmente pobres. Vidal mostrou como as paisagens de uma região são o resultado das superposições, ao longo da história, das influências humanas e dos dados naturais. As paisagens que ele esmiúça e analisa são, essencialmente, uma herança histórica. Por causa disso, Vidal de la Blache combate com vigor a tese "determinista" segundo a qual os "dados naturais" (ou um dentre eles) exercem uma influência direta e determinante sobre os "fatos humanos" e ele dá um papel importante à história, para captar as relações entre os homens e os "fatos físicos".

A riqueza da contribuição de Vidal de la Blache foi, inúmeras vezes, acentuada tanto na França como no exterior: mas as dificuldades nas quais se

A geografia 101

encontra hoje entravada essa geografia que ele marcou profundamente fazem com que se deva resolver considerar essa contribuição como contraditória.

Ele marca a ruptura, de fato, entre a geografia e as ciências sociais, embora analise com mais finura os "fatos humanos" levados em consideração pelo raciocínio geográfico. "A geografia é a ciência dos lugares e não a dos homens", pôde ele escrever. Não que ele se desinteressasse da "geografia humana": ela é, para ele, o essencial, mas ele é firme em separá-la nitidamente das ciências sociais, como mostra a polêmica (muito pouco conhecida) que o opôs a Durkheim. Para Vidal de la Blache, a geografia humana é essencialmente o estudo das formas de *habitat*, a repartição espacial da população. A concepção vidaliana da geografia, que apreende o homem na sua condição de habitante de certos lugares, coloca, de fato, o estudo dos "fatos humanos" na dependência da análise dos fatos físicos. Bem entendido, mais ou menos transformados pela evolução dos homens, mas "físicos" de qualquer forma, pois, apesar da abundância das referências à história, os quadros espaciais, os lugares são essencialmente concebidos como quadros físicos ("espaços naturais", "meios geográficos", "regiões naturais" ou delimitados por dados naturais).

Também, até uma época relativamente recente, a problemática encetada pelos geógrafos para o estudo das sociedades humanas não procedia, no essencial, das ciências sociais, mas sim das ciências naturais, aquelas às quais se recorre para o estudo do meio físico. Assim, o corte entre "geografia física" e "geografia humana" não era tão manifesto como hoje, e a unidade da geografia podia ser afirmada, claro, ao preço de um certo número de mistificações e de silêncios, pois o discurso geográfico se esforça em eliminar os "fatos humanos" que advêm, com bastante evidência, das ciências econômicas e sociais. Durante muito tempo, os geógrafos se preocuparam, quase que exclusivamente, com o *habitat* rural e com a agricultura (influência do clima). As cidades não eram lembradas senão por sua relação com seu sítio topográfico original e sua situação, em face dos principais contrastes de relevo da região circundante ignorada, ao menos reduzida à enumeração de localizações dos centros industriais, em função das jazidas de matérias-primas.

Claro, para explicar esses silêncios, pode-se dizer que os geógrafos desse tempo, e Vidal de la Blache em primeiro lugar, não haviam ainda tomado consciência do papel das indústrias e das grandes aglomerações urbanas. No entanto, Elisée Reclus, que publica, cerca de 20 anos antes, um conjunto de obras que conheceram um grande sucesso, dá um lugar de destaque às cidades, às indústrias e a esses problemas econômicos, sociais e políticos, que serão sutilmente camuflados em seguida. Mas o antigo *communard*, pensador da anarquia, vivia no exílio, enquanto Vidal de la Blache, professor da Sorbonne e membro da Academia de Ciências Morais e Políticas, compartilha as ideias de Maurice Barrès[1].

Outras disciplinas, a história e a economia, por exemplo, conheceram *handicaps* da mesma ordem e, contudo, elas não impediram o aparecimento e o desenvolvimento das polêmicas e das discussões teóricas das quais são o teatro, desde há muito. Certos tipos de debates ali já estão fechados, enquanto eles só se colocam há bem pouco tempo em geografia. Ora, isso é um ponto muito importante, as polêmicas que se desenrolaram e que se desenrolam ainda, quanto à história ou às ciências sociais, se situam no âmbito político, em ligação com os problemas da sociedade inteira, e não somente no quadro universitário.

Desde há muito, a história é polêmica: faz-se a crítica das fontes; não se está de acordo com esta ou aquela explicação; numerosos homens políticos publicam suas memórias e, por vezes, se tornam historiadores. Existe, sobretudo, o fato de que a história se tornou a trama da polêmica política. Com o desenvolvimento do marxismo, a história, a economia política e as outras ciências sociais foram profundamente transformadas e, nesses domínios, polêmica política e debate científico foram ainda mais estreitamente associados; as teorias dos historiadores e dos economistas, em decorrência de seu alcance político, direto ou indireto, foram objeto de uma vigilância constante e de um debate que se desenrolou, primeiro, fora da universidade e, depois, no próprio interior dos meios universitários. Os progressos da história e das ciências sociais são, em larga escala, o fruto das lutas de classes.

---

1. Cf. P. Claval e J.P. Nardy, *Para o cinqüentenário da morte de Vidal de la Blache*, Anais da Universidade de Besançon, 1968.

Até uma época bem recente, nada semelhante para a geografia: não somente qualquer polêmica de fundo entre geógrafos, mas sobretudo nenhuma vigilância com relação a seus propósitos por parte dos especialistas de outras disciplinas ou daqueles que colocam para si problemas políticos. Essa falta de vigilância em relação à geografia é tanto mais chocante quanto se utiliza cada vez mais sua linguagem, não somente na mídia, mas também nas numerosas disciplinas científicas. Todo o mundo fala de "país", de "regiões" sem tomar o menor cuidado com o caráter tão etéreo dessas noções elásticas e escorregadias, e com as consequências desagradáveis que podem advir de sua utilização, para o rigor do raciocínio. Se notarmos bem, é chocante constatar com que ingenuidade, com que falta de espírito crítico, o historiador, o economista e o sociólogo utilizam os argumentos geográficos nos seus próprios discursos: evocados, aliás, não sem alguma condescendência, os "dados geográficos" são aceitos sem a menor discussão, como se não tivessem senão de se inclinar diante dos "imperativos geográficos". Ora, os "dados" geográficos não são fornecidos por Deus, mas por um tal geógrafo que, não contente de os ter apreendido a uma determinada escala, os escolheu e os classificou numa certa ordem; um outro geógrafo, estudando a mesma região ou abordando o mesmo problema numa outra escala, forneceria, provavelmente, "dados" bem diferentes. Quanto aos famosos "imperativos" geográficos, dos quais os economistas, por exemplo, são tão ávidos, os geógrafos sabem sem dúvida (especialmente desde Vidal de la Blache, o que foi uma das aquisições mais positivas) que os homens neles se acomodam de modo bem diferente, e que aí não há o mínimo "determinismo" estrito, mas bem ao contrário, um "possibilismo".

O pouco de precaução com que os especialistas das outras disciplinas, historiadores e economistas, em particular, utilizam o argumento geográfico, o que tem como efeito, aliás, fazer derrapar o seu próprio raciocínio, traduz a falta de vigilância com relação ao discurso geográfico. De fato, não se percebem nem as incidências políticas, nem a função ideológica. O argumento geográfico aparece como "neutro" ou "objetivo", como se ele viesse das ciências naturais ou das ciências exatas. Tudo parece se passar como se uma espécie de conspiração do silêncio tivesse sido feita em torno da geografia, para que se possam utilizar, sem questionar, os argumentos um tanto triviais fornecidos por essa disciplina tranquila e pouco brilhante.

Claro, as lembranças enfadonhas que se guardam das lições de geografia não são feitas de forma a incitar qualquer um a se debruçar com interesse sobre os problemas dessa "ciência". Mas como acontece que, até agora, nenhum filósofo tenha querido acertar suas contas com essa velha disciplina que deixou tantas lembranças amargas em tantos colegiais? O que se passa para que nenhum historiador, constrangido não somente por ter tido de engolir a "geo" para passar por sua licença e seus concursos, mas também constrangido de ensiná-la no liceu, tenha questionado essa disciplina que lhe foi imposta? A conduta dos geógrafos não teria permanecido o que ainda é hoje se ela tivesse sido objeto de polêmicas e de debates.

Durante séculos, até o fim do XIX, antes de aparecer o discurso geográfico universitário, a geografia era unanimemente percebida como um saber explicitamente político, um conjunto de conhecimentos variados indispensável aos dirigentes do aparelho de Estado, não somente para decidir sobre a organização espacial deste, mas também para preparar e conduzir as operações militares e coloniais, conduzir a diplomacia e justificar suas ambições territoriais. Contudo, a partir de Vidal de la Blache, fundador da escola geográfica francesa, e a partir do *Quadro da geografia da França* (1905), imediatamente considerado como um modelo de descrição e de raciocínio geográficos, o discurso dos geógrafos universitários (é o que, desde então, se chama "geografia") vai excluir toda referência ao político e mesmo a tudo aquilo que faz pensar nisso – a ponto de terem sido "esquecidas", durante muitos decênios, as cidades e a indústria. Desde os anos 1950, os geógrafos – ao menos aqueles que se limitam à geografia humana – se preocupam com fenômenos econômicos e sociais, a ponto de alguns deles confundirem sua disciplina com a economia, com a sociologia e desejarem ver a geografia se fundir no conjunto das ciências sociais.

Mas, para a quase totalidade dos geógrafos universitários, os problemas geopolíticos – que até o final do século XIX eram uma das razões de ser fundamentais da geografia – permanecem um verdadeiro tabu. Nada de abordar os problemas da guerra e os da rivalidade entre os Estados: não é científico, dizem eles, não é geografia!

12
CONCEPÇÕES MAIS OU MENOS AMPLAS DA *GEOGRAFICIDADE*. UM OUTRO VIDAL DE LA BLACHE

O que é geográfico, o que não o é? Eis aí uma questão essencial, embora ela esteja implícita nas reflexões da maioria dos geógrafos. Bem mais, aqueles que estão em posição de poder na corporação não hesitam em brandir o argumento "Isso não é geografia!" para recusar os propósitos que lhes desagradam (aliás, sem saber bem por quê!) e sancionar aqueles que os sustentam. Mas quais são os critérios da geograficidade? Eu proponho esse termo que, para muitos, parecerá bizarro, em paralelo ao de historicidade, do qual hoje se faz um uso corrente. Desde o século XIX e sobretudo há alguns decênios, os historiadores foram percebendo, pouco a pouco, que era interessante ou necessário levar em consideração categorias de fenômenos cada vez mais numerosas, que seus predecessores haviam negligenciado ou afastado, não as julgando dignas de serem vistas e de fazer parte da história. Indo da história dos soberanos, das batalhas e dos tratados até a dos costumes e da alimentação populares, passando pela das relações salariais e práticas matrimoniais, o campo da historicidade foi, progressiva e consideravelmente, alargado.

É uma evolução inversa à que conheceu a corporação dos geógrafos. Frequentemente eles são tentados a pensar que tudo é geográfico, mas basta folhear os trabalhos que eles julgam exemplares para se perceber que têm uma concepção mais ou menos restritiva da geograficidade, pois deixaram de lado, durante muito tempo, fenômenos consideráveis e querem ainda ignorar totalmente os problemas geopolíticos de que, graças à mídia, o conjunto da opinião mede a gravidade.

Para compreender o que foi, de fato, a evolução do pensamento geográfico na França desde o início do século XIX, para estar em condições de discernir suas características epistemológicas atuais, a concepção de geograficidade, à qual os geógrafos se referem mais ou menos implicitamente, é preciso atingir o porquê, no quadro de sua corporação, de certos fenômenos espaciais serem considerados dignos de interesse, enquanto outros, que se desenrolam da mesma forma no espaço, sobre o terreno e dos quais todo mundo fala, não são considerados dignos de uma análise científica; é, essencialmente, o caso dos fenômenos políticos e militares. Elisée Reclus lhes dedicava uma enorme atenção, o que, na época, nada tinha de extraordinário: no século XIX, a ideia que se fazia da geografia implicava levar em consideração esses problemas, numa proporção bem racional do espaço político, dos homens e dos recursos que ali se encontravam; Humboldt, considerado, com justiça, o primeiro grande geógrafo moderno por causa de sua grande obra *O cosmos*, publicou também (em francês) cinco volumes do *Ensaio político sobre o reino da Nova Granada* (1811) e do *Ensaio político sobre a ilha de Cuba* (1811). No início do século XX, Ratzel impunha a antropogeografia e a geografia política: nessa Alemanha onde apareceu, pela primeira vez no mundo, a geografia universitária, esta foi então percebida como uma disciplina estreitamente ligada às questões políticas e militares.

Na França, a geografia universitária (com raríssimas exceções apenas, que a corporação esqueceu cuidadosamente) vai rejeitar, desde seus primeiros passos, esses problemas, para se afirmar como ciência, como se evocá-los significasse correr o risco de desacreditá-la como ciência. Claro, haviam feito deles objeto de inúmeros discursos propagandistas, mas os historiadores, apesar de sua crescente preocupação de objetividade, não rejeitavam, da mesma forma, a narração e a explicação dos fenômenos políticos. No entanto, era a época dos grandes sentimentos patrióticos e mesmo chauvinistas, e é de admirar que não tenham inspirado a escola geográfica francesa antes de 1914, enquanto eles se manifestam claramente nos textos da geografia escolar, sobretudo nos manuais do ensino primário. Por que não houve geógrafos franceses para escrever um tratado de geografia política que tivesse se oposto radicalmente às teses expansionistas de Ratzel? Nos *Annales de géographie* (1898), Vidal fez uma resenha, evidentemente bastante crítica, da *Politische géographie*, mas foi quase tudo, ao menos se nos referirmos aos livros e artigos, retido pela corporação, que hoje, mais do que nunca, proscreve a análise dos problemas geopolíticos.

Quando escrevi este livro eu imputava essa permanência da exclusão dos fenômenos políticos do campo da geograficidade à influência considerável exercida por Vidal de la Blache sobre a escola geográfica francesa: após sua morte, o "modelo vidaliano" foi reproduzido pelo ensino de seus discípulos, que se tornaram os mestres da geografia universitária francesa até a Segunda Guerra Mundial. De 1976 para cá, fui levado a modificar profundamente essa explicação e eu não posso republicar este trabalho sem chamar a atenção sobre o último livro de Vidal de la Blache, *A França de Leste (Lorena-Alsácia)*, publicado em 1916 e totalmente desconhecido da quase totalidade dos geógrafos franceses de hoje. Porque esse livro, ao qual Vidal dava uma grande importância – e com razão! – é uma análise de geopolítica, pois assim ele vai radicalmente de encontro ao famoso "modelo vidaliano", ao qual a corporação se conformou durante decênios; ela se apressou em esquecer *A França de Leste*, para só reter o *Quadro da geografia da França*.

Para se avaliar a profundidade do esquecimento no qual caiu esse livro, basta constatar que André Meynier, cuja veneração pelo mestre é muito grande, não faz uma só referência a essa obra em sua *História do pensamento geográfico na França*, nem mesmo na bibliografia. Meynier se admira até numa nota (p. 29) que o pai da geografia francesa não haja feito qualquer alusão à anexação da Alsácia-Lorena em 1871, que é o problema central da última obra de Vidal.

Como a maioria dos geógrafos franceses, eu não o tinha lido – *mea-culpa* – quando escrevi *La géographie, ça sert, d'abord, à faire la guerre*. Ora, é preciso notar que nenhuma das críticas feitas a este ensaio-panfleto faz alusão ao *A França de Leste* para defender o Vidal que eu ataquei. Foi pelo atalho da geopolítica, no quadro de um estudo mais aprofundado, que eu descobri, com estupefação, o verdadeiro conteúdo desse livro tão mal conhecido. Encontram-se, é certo, numa primeira parte, *"La contrée"**, o estudo das descrições vidalianas, as paisagens da Alsácia, dos Vosges, da planície lorena, os retratos do camponês alsaciano, do povo da Lorena... Mas todo o resto da obra é consagrado aos problemas que Vidal eludiu, sistematicamente, em suas descrições do *Quadro*: não somente as cidades, mas também o papel das diferentes burguesias urbanas; não somente a indústria, mas as diferentes estratégias de industrialização, a origem dos capitais e as áreas em que eles são investidos; não somente os fenômenos sociais, aí compreendidas as "relações entre classes" (como diz Vidal), bem diferentes segundo as diversas partes do espaço considerado, mas também os problemas políticos e militares. As diferenças de concepção da geograficidade são tão grandes entre o *Quadro* e *A França de Leste* que se é tentado a pensar que elas são obra de dois geógrafos muito diferentes, opostos mesmo por sua maneira de raciocinar e de colocar os problemas. Doze anos separam os dois livros e se deve lembrar também que o *Quadro*[1] é uma obra de geografia histórica e que, desde 1910, Vidal havia proposto um recorte regional baseado na área de influência das grandes cidades, portanto completamente diferente daquele que ele havia detalhado em 1905. No entanto, os textos tardios reagrupados nos *Princípios de geografia humana* (1921) testemunham uma geografia restrita e mostram que, no seu discurso de geógrafo universitário, Vidal não demonstrava qualquer interesse pelas cidades, pela indústria e, menos ainda, pelos problemas políticos e militares.

Como explicar a abertura da geograficidade que se manifesta no raciocínio de *A França de Leste*, a diversidade dos fenômenos econômicos,

---

* N.T.: *Contrée* – expressão literária que significa região. É mais usada na França no sentido sentimental.

1. É o tomo I de *A história da França, desde as origens até a revolução*, de Ernest Lavisse. A exclusão das transformações econômicas e sociais que a França conheceu no século XIX pode, portanto, se justificar. Ainda teria sido preciso que a corporação dos geógrafos tomasse consciência de que se tratava de uma obra de geografia histórica. Tomaram-na como um modelo de descrição geográfica da França dos inícios do século XX.

sociais e políticos que Vidal considera nesta obra? É que não se trata de uma descrição geográfica do tipo universitário, conforme a ideia que se fazia então da geografia na universidade, mas de um raciocínio político, de uma demonstração geopolítica. Não se trata de descrever e de explicar os fenômenos julgados dignos de serem tratados, levando-se em consideração tradições da corporação, de suas relações com outras disciplinas ou dos cânones de cientificismo, mas de demonstrar que a Alsácia e a Lorena, anexadas pelo império alemão em 1871, devem ser anexadas à França. Aliás, desde a primeira frase, Vidal previne que "não há uma só linha desse livro que não se ressinta das circunstâncias nas quais ele foi redigido". Essas circunstâncias, que Vidal não precisa, quais seriam elas? Em 1916, em plena guerra, não era necessário dizer aos franceses as razões pelas quais essas províncias deviam retornar à França. Mas os dirigentes dos Estados Aliados, os americanos em particular, não ficaram assim tão convencidos, pois a maior parte das populações da Alsácia e da parte da Lorena anexada em 1871 é de fala germânica: segundo o "princípio das nacionalidades", elas deveriam, portanto, ficar para a Alemanha. O presidente Wilson, que foi professor de história e de ciência política, estima até que, em caso de vitória dos Aliados, seria preciso, ali como alhures, proceder a um referendo, solução que o governo francês recusa. A tese francesa deve, portanto, ser sustentada por uma séria argumentação. Seria interessante saber se Vidal se pôs espontaneamente a trabalhar ou o fez a pedido do governo. Não importa: Vidal não redige um relato circunstancial, mas um grande livro, aquele que eu acredito ser sua verdadeira grande obra.

Vidal parte, portanto, do fato mais embaraçoso: a Alsácia e uma grande parte da Lorena são de cultura germânica. Ele vai, em seguida, mostrar que a língua não é o único aspecto a ser levado em consideração no contexto nacional mas, também, todas as características econômicas, sociais, políticas de um grupo de homens e suas relações profundas com este ou aquele centro político. Ele vai colocar em evidência a estreiteza das relações da Alsácia e da Lorena com a França (com a sua capital, em particular), mostrando que em 1789 foi o movimento revolucionário vindo de Paris que determinou, nessas duas províncias periféricas, uma transformação das estruturas econômicas e sociais proporcionalmente mais forte que em outras regiões francesas. É o porquê de a segunda parte do livro se chamar "A Revolução e o Estado Social".

Deixando de lado suas opiniões, antes de tudo conservadoras, Vidal explica o papel particularmente importante dos alsacianos e dos lorenos na luta revolucionária (o papel do "exército do Reno"): "A Revolução selou a união da Alsácia e da Lorena à França". Mas ele percebe que sua demonstração não é suficiente: desde 1871, esses territórios anexados ao Reich conheceram importantes transformações, em especial um poderoso movimento de industrialização do qual os alemães se orgulham. A terceira parte de *A França de Leste* é portanto consagrada à "evolução industrial". Vidal mostra que essa começou bem antes de 1871 e que, depois, o domínio do Ruhr a freou. Analisando o papel das burguesias de Mulhouse, de Strasburgo, de Nancy, de Metz, Vidal mostra que foi antes de 1871 que se operou aquilo que se chama hoje de a "organização do espaço". Escreve ele (p. 163): "A idéia regional é, sob sua forma moderna, uma concepção da indústria; ela se associa à de metrópole industrial". Como estamos longe das descrições ruralizantes do *Quadro*! Enfim, na última parte Vidal analisa, num quadro espacial bem mais amplo, o da Europa, a rivalidade dos dois grandes aparelhos de Estado que disputam entre si a Alsácia e a Lorena.

Com *A França de Leste*, Vidal de la Blache realizou uma das análises geográficas mais completas e mais bem articuladas que contam a geografia francesa, mas os geógrafos franceses, a despeito de seu culto por Vidal, ignoram esse livro.

Eles quiseram ignorá-lo, mal havia sido publicado. Se é útil se interrogar sobre as causas do silêncio que foi feito em torno da obra de Reclus, não é menos necessário se perguntar por que *A França do Leste* foi assim escamoteada. Após 1918, a Alsácia e a Lorena estando anexadas à França, é provável que os geógrafos franceses imaginassem que esse livro não era mais do que uma obra circunstancial, ultrapassada; os de esquerda, em seguida, pensaram que se tratava, além do mais, de um discurso dos "fardados". Os raros geógrafos que abriram esse livro deveriam, sem dúvida, ter considerado, por causa do modelo de geograficidade que eles tinham então, que "não era geografia", mas um livro de história ou de política.

É preciso perceber que o modelo vidaliano clássico, o do *Quadro*, essa concepção da geograficidade que elimina os problemas econômicos, sociais e sobretudo os problemas políticos, não foi Vidal de la Blache quem o formulou sobre um plano teórico, mas um historiador da envergadura de

Lucien Febvre, cujo livro *A terra e a evolução humana, introdução geográfica à história* (1922) exerceu uma influência considerável sobre a corporação dos geógrafos. Foi, de fato, durante muito tempo, a principal reflexão epistemológica sobre a geografia e sua evolução, prova capital da carência epistemológica dos geógrafos universitários. Foi na realidade Lucien Febvre quem formulou as posições teóricas que se imputam depois a Vidal, em particular a do "possibilismo". "Vidal não é um construtor de teorias", escreveu Lucien Febvre, que as agenciou em seu lugar.

13
HISTORIADORES QUE QUEREM "UMA GEOGRAFIA *MODESTA*"

Para compreender o papel de Lucien Febvre e a influência de seu livro na evolução das ideias dos geógrafos é preciso considerar as carências epistemológicas destes e suas dificuldades em fazer face às críticas acerbas que os sociólogos Marcel Mauss, Simiand e Durkheim formulam a seu respeito, nos primeiros anos do século XX. Os geógrafos parecem ter recebido os golpes sem respondê-los, e foi o brilhante historiador que já era Lucien Febvre que tomou sua defesa. De fato, ele se colocou no papel de árbitro no processo de "imperialismo" que os sociólogos fazem aos geógrafos para finalmente formular um julgamento em favor destes últimos, com a condição de que eles não ultrapassem certos limites. Mas esses limites, é Lucien Febvre quem os estabeleceu, e ele vai até mesmo ao ponto de esboçar as orientações do trabalho dos geógrafos. O renome e a influência das ideias vidalianas, ao menos da forma como as formulou Lucien Febvre, devem muito ao seu livro magistral e ao apoio da famosa "Escola dos Anais" que ele fundou pouco depois (1928) com Marc Bloch, e que se tornou bastante poderosa. Ora, em *A terra e a evolução humana*, apesar da apologia e da exegese que faz das teses "vidalianas", Lucien Febvre não faz qualquer alusão sobre *A França de Leste*, silêncio bem estranho se pensarmos que no início dos anos 1920 era professor em Strasburgo e que ele publicou em 1925 *O Reno*, em colaboração com Albert Demangeon. Tendo o livro de Febvre se tornado, por vários decênios, o breviário teórico dos geógrafos vidalianos, não se falou mais da última obra do mestre.

É preciso, portanto, levar em consideração que a "mensagem vidaliana" foi formulada por um historiador empreendedor e que Lucien Febvre, instituindo-se árbitro no processo que os sociólogos fazem aos geógrafos, argumenta no lugar destes últimos, uma vez que eles permanecem mudos no debate teórico. Mas se Lucien Febvre dá seu julgamento em favor da jovem geografia universitária, e se ele a assegura da proteção da já então poderosa corporação dos historiadores, é com a condição de que se trate de uma "geografia humana modesta" (é o título de um dos capítulos do seu livro). Segundo ele, o que é uma geografia modesta? É uma geografia que não toca nas questões políticas e militares, que evoca, o menos possível, problemas econômicos e sociais, que trata das condições geológicas e climáticas dos solos e do *habitat* rural, mas muito pouco das cidades – em resumo, uma concepção das mais restritas da geograficidade, aquela do *Quadro*.

Por que essa redução da geograficidade em relação àquela que se manifesta na obra de Reclus (Lucien Febvre a conhece, mas só fala muito pouco, e se tanto!) e em *A França de Leste* de Vidal? Porque é a ocasião em que um certo número de historiadores – os mais empreendedores – tem uma concepção cada vez mais abrangente da historicidade. Os da Escola dos Anais, em especial, ampliam as preocupações do historiador, mas também seu magistério, ao econômico, ao social, ao cultural, ao demográfico. Não é admissível, de forma alguma, uma geografia que arrisque acarretar uma ameaça qualquer à hegemonia que os historiadores exercem sobre o discurso que trata do político e daquilo que se refere aos Estados.

Lucien Febvre sabe muito bem que outrora, e até a metade do século XIX, antes do desenvolvimento da geografia universitária, os geógrafos, conjuntamente com sua função no seio do aparelho de Estado, tinham de se ocupar principalmente de problemas políticos e militares. Certos geógrafos (pouco numerosos na França) ainda se preocupavam com esses problemas, embora fossem universitários. É preciso, portanto, condenar essa preocupação, que é tida como ameaça ao monopólio que se arrogam os historiadores. Eis aí a razão dos ataques a Jean Brunhes, cujo *Geografia da história, geografia da paz e da guerra* (1921) parece de uma insuportável impertinência a Lucien Febvre. Com muita habilidade, ele assimila toda reflexão, desse gênero, em geografia: as de Ratzel que tinha, evidentemente, um péssimo nome na imprensa da França, como campeão do pangermanismo. Febvre se resguarda, não fazendo alusão às análises geopolíticas de Elisée Reclus, bem diferentes daquelas dos "ratzelianos". Mas para melhor interditar aos geógrafos a reflexão sobre os problemas políticos e do Estado, é preciso um aval promulgado por seu mestre. Acontece que, num artigo de 1913, Vidal escreveu incidentalmente, sem qualquer ideia de teorizar, que "a geografia é a ciência dos lugares e não a dos homens", sem medir o alcance de uma tal proposição; ora, tratava-se de fato de uma crítica em relação a certos discursos geográficos que se contentam em reproduzir, sem preocupação espacial, as considerações dos sociólogos ou dos economistas. O que quer que seja, a fórmula é infeliz, mas não passa de uma frase em contradição com todo o discurso de Vidal. Lucien Febvre se apodera dessa frase, comenta-a, repete-a em várias ocasiões, monta-a em tese, caindo como uma luva no seu afã de espoliar a geografia para assegurar a primazia dos historiadores. E proclama, na longa passagem intitulada "Uma geografia modesta": "a geografia é a ciência dos lugares e não a dos homens. Eis, na verdade, a âncora de salvação". Ele conclui, martelando (fazendo alusão ao livro de Camille Vallaux, *O solo e o Estado*, denunciado como ratzeliano): "O solo, não o Estado: eis aí o que deve reter a atenção do geógrafo". Obrigado, senhor Febvre, por esse preceito lapidar que impossibilitou qualquer reflexão geopolítica aos geógrafos... para reservá-la aos historiadores ávidos de geo-história!

Eis a razão pela qual Lucien Febvre não diz uma só palavra sobre *A França de Leste*, que ele conhece muito bem, sem dúvida. De um lado, ele teria tido dificuldade em desqualificar tais raciocínios geopolíticos, que não são, de modo algum, "deterministas" e que são completamente diferentes dos de Ratzel; outro lado, era difícil celebrar o pai fundador da geografia, "legalizar" (de modo truncado) sua "mensagem" e demolir seu último livro, sem perturbar os geógrafos e comprometer a operação epistemológica em benefício dos historiadores. Melhor seria fazer alusão a *A França de Leste*, em se reservando o pretexto de dizer àqueles que poderiam se admirar desse "esquecimento" que "não era geografia", segundo uma fórmula usual dos geógrafos.

Esses placidamente, aceitaram o livro de Febvre com reconhecimento, sem jamais tomar consciência do subterfúgio, nem estranhar a escamoteação desse livro capital de Vidal de la Blache: bastante influenciado por Lucien Febvre, André Meynier não cita *A França de Leste* em seu *História do pensamento geográfico na França*.

Contudo, não se trata somente de colocar em causa a pessoa de Lucien Febvre – foi um grande historiador e um potente espírito –, nem mesmo *A terra e a evolução humana*, que contém passagens bem interessantes e reflexões que os geógrafos nunca haviam feito até então. Se seu livro não tivesse existido, é provável que as orientações da escola geográfica francesa não tivessem sido muito diferentes. De fato, o peso dessa intervenção de um historiador na evolução da escola geográfica francesa obriga a se perguntar por que não foram os geógrafos que conduziram a discussão com os sociólogos. Durkheim havia lançado suas primeiras críticas 20 anos antes, sem que os geógrafos reagissem. Por que esse silêncio e essa timidez? Por que, após a publicação do livro de Febvre, os geógrafos não debateram, ao menos entre si, problemas teóricos que haviam camuflado até então e que passavam a ser colocados, em parte, após a publicação? As coisas permaneceram aí, como se os geógrafos tivessem sido afetados por uma espécie de carência epistemológica congênita. Eles deixaram um historiador decidir o que devia ser a geografia humana, qual setor do conhecimento lhes era atribuído e em que finalidade deveriam trabalhar.

Até os anos 1960, o livro de Febvre foi a bíblia teórica dos geógrafos franceses, que ali encontravam sua própria celebração, com a de Vidal, e a formulação de princípios que o mestre nunca explicitou. Os geógrafos não perceberam (ou se perceberam, não reagiram) que Lucien Febvre havia deixado de lado no seu panegírico toda uma parte, na verdade essencial, da obra de Vidal de la Blache.

Contudo, não se deve negligenciar o peso considerável da corporação dos historiadores no bojo da instituição universitária e o papel dominante que ela tem no ensino da história-geografia do ensino secundário e na organização de um concurso como o da *agrégation*. Eles favoreceram as orientações geográficas que lhes convinham, seja uma geografia física que não concorre, de forma alguma, com a história, seja uma geografia humana que não toca nos problemas políticos, negócio dos historiadores. Bem recentemente ainda, o grande historiador Femand Braudel, um dos campeões da geo-história, falava na televisão, sem escrúpulos, da "geografia, disciplina subjugada"! Talvez porque os geógrafos têm medo de se assumir.

14
OS GEÓGRAFOS UNIVERSITÁRIOS E O ESPECTRO DA GEOPOLÍTICA

A partir do fim do século XIX, desde que existe na França uma corporação dos geógrafos universitários, esta se caracteriza por sua preocupação em afastar os raciocínios geopolíticos que haviam sido, em larga medida, durante séculos, a razão de ser de uma geografia que não era ainda ensinada a estudantes, futuros professores, mas a homens de guerra e a grandes funcionários do Estado. De outro lado, foram essas preocupações políticas e militares que justificaram, ou tornaram possível, a confecção das cartas – enorme tarefa – sem as quais os geógrafos universitários não poderiam dizer grande coisa. Mas dessa geografia estreitamente ligada à ação e ao poder, os geógrafos universitários se abstiveram, quase todos, de falar e fizeram como se ela estivesse morta e enterrada, levando-se em consideração que era preciso exorcizar suas eventuais reaparições. Poder-se-ia dizer que a geopolítica é o espectro que ronda a geografia humana há cerca de um século, e o horror e o desgosto que ela provoca se manifestam ainda hoje[1]. Mas geralmente não se pronuncia o nome, como vale mais a pena fazer com aqueles que voltam do além!

---

1. Conforme o início de um prefácio muito recente de Roger Brunet para o livro de Claude Raffestin, *Para uma geografia do poder*, 1970: "Sente-se, por um grande

Como explicar essa rejeição da geopolítica pelos geógrafos universitários franceses? Num primeiro momento, talvez pelo fato de serem os geógrafos, próximos do governo e do estado-maior, de um meio social bem diferente; é talvez um dos aspectos da rivalidade dos universitários e dos militares, que caracteriza a vida política e cultural francesa, bem diferente do que acontecia na Alemanha, por exemplo. Mas isso não impediu Elisée Reclus, antimilitarista convicto, de se interessar pelas questões geopolíticas. Além disso, a notoriedade da obra de Ratzel, seguida pela escola de geopolítica alemã, racista e expansionista, forneceu um pretexto para a rejeição, bem antes de Hitler, de todos os problemas geopolíticos, para os universitários franceses. Eles tinham, no entanto, outros tipos de raciocínios geopolíticos além daqueles de Elisée Reclus, mormente em *O homem e a terra* (1905), e os de Vidal de la Blache em *A França de Leste*. Mas os geógrafos universitários quiseram ignorar tudo isso. E por que os geógrafos franceses continuam, ainda hoje, a ignorar a obra de Reclus?[2]

É difícil acreditar que seja em razão de suas ideias libertárias. Elas não chocariam mais muita gente hoje, ao menos na França; os fatos, que Reclus foi um dos primeiros a denunciar, ali são agora considerados, quase unanimemente, como abusos e injustiças. Isso não quer dizer que as ideias de Reclus sejam ultrapassadas: seu rigor moral condena os discursos e os comportamentos de inúmeros daqueles que hoje reivindicam a "anarquia" ou a "autonomia", como eles preferem dizer agora. Mas sobretudo Reclus, que não conheceu, evidentemente, as "vitórias do socialismo" na URSS e alhures, é particularmente consciente, com antecipação das contradições que podemos constatar hoje num grande número de Estados, entre esse socialismo e a liberdade. As posições de Reclus, na qualidade de comunista libertário, estão, com toda a evidência, na ordem do dia.

---

    número de índices, que a velha e vergonhosa *geopolitk* sai dos bastidores. O próprio termo não é mais um tabu; ele reaparece aqui e ali. Restaurada, disfarçada, ornamentada, a avó desdentada é empurrada para a frente, capengando ao braço de uma jovenzinha mal-arrumada e usada antes da idade, que se diz chamar sociologia, ou qualquer coisa no gênero. Miasmas de obscurantismo...".

2. Ver o número especial de *Hérodote* (n. 22, julho-setembro, 1981) consagrado a Elisée Reclus. Um geógrafo libertário.

Sem dúvida, suas aspirações políticas são o sustentáculo de sua obra de geógrafo, mas esta última pode ser tomada como tal pelos universitários, para os quais a palavra anarquia amedronta; Reclus não fez aliás alusão a ela em *O homem e a terra*, como também não o fez na *Geografia universal*. Mas se é fácil fazer abstração das atividades militantes de Reclus, não é possível considerar sua geografia escamoteando o lugar considerável que ele dedica aos fenômenos políticos. E eu acredito que o silêncio que continua a ser feito na corporação dos geógrafos universitários sobre a obra de Reclus resulta, principalmente, hoje, da recusa da mesma em admitir a geograficidade dos fatos que advêm da política, mormente aqueles que traduzem o papel dos diferentes aparelhos de Estado.

Desde os anos 1950, as concepções da geograficidade se ampliaram, claro, e se os geógrafos universitários levam em consideração problemas urbanos e industriais e evocam as estruturas econômicas e sociais, eles querem ainda ignorar os problemas políticos, mais ainda as questões militares, e a palavra geopolítica é também para eles um verdadeiro espectro que evoca as empresas hitlerianas.

Rejeitando, sobretudo por instigação dos historiadores, as preocupações políticas que haviam sido claramente evidentes e, durante séculos, uma das razões de ser da geografia antes que ela fosse ensinada nas universidades (sobretudo para formar professores de liceu), os primeiros geógrafos universitários acreditaram assegurar a cientificidade de uma disciplina nova e seus sucessores estão, ainda hoje, persuadidos de que fazer alusão a um problema geopolítico os desqualificaria enquanto cientistas. Quanto mais a "velha" geografia estava próxima dos militares e dos chefes de Estado, mais a geografia universitária devia se afirmar desinteressada para ser considerada ciência.

É assim que no seu *Esboço de geografia humana* (1976), Max Derruan analisa "a tradição e as novas aproximações" que são, segundo ele, "a análise espacial, o aproche ecológico, o aspecto sociológico, o aproche econômico", que ele estuda sucessivamente. Mas não se trata de um aproche político e a "intervenção do Estado" só é cogitada no plano econômico, no aproche do mesmo nome. A questão de fronteira só se coloca a propósito dos problemas alfandegários. Vale a pena salientar que essa redução dos problemas políticos unicamente à instância do econômico é também o apanágio dos geógrafos que se referenciam no marxismo; é a tal insígnia a que eles reduzem, imitando os economistas marxistas, os problemas do imperialismo aos da "troca desigual".

Em 1965, Pierre George, que contribuiu enormemente para a difusão da geograficidade, publica *A geografia ativa* para mostrar no que pode contribuir a geografia para a "administração dos bens e dos homens nessa segunda metade do século XX". Esse livro marca uma ruptura com relação à concepção de uma geografia desinteressada, puramente descritiva e explicativa, que havia prevalecido na universidade, desde o início do século XX. Essa geografia ativa global deveria, logicamente, levar em consideração os problemas geopolíticos. Mas Pierre George os rejeita categoricamente, desde o início da obra[3]. "A pior caricatura da geografia aplicada da primeira metade do século XX foi a geopolítica, justificando por encomenda, não importa qual reivindicação territorial, não importa qual pilhagem *por pseudo-argumentos científicos*" (eu é que grifo essas últimas palavras). A assimilação de toda preocupação geopolítica com a geopolítica hitleriana é aqui evidente. Contudo, pode-se objetar que as argumentações refutando esta última são também geopolíticas, assim como os argumentos pelos quais este ou aquele povo do Terceiro Mundo reivindica sua independência e um território nacional. Essa frase pela qual Pierre George proscreve as questões geopolíticas, rejeitando-as numa espécie de inferno científico e político, é particularmente significativa dessa crença da corporação dos geógrafos universitários de que a exclusão da geopolítica é a condição principal para que a geografia seja reconhecida como ciência.

---

3. Há quinze anos, Pierre George me fez a honra de pedir para que eu participasse de *A geografia ativa* e as notas retrospectivas que formula com relação a esse livro são também as críticas que pude escrever naquele tempo. Quanto mais essa ideia de geografia ativa me parece ainda mais fundamental hoje que na época em que apareceu a obra, tanto mais agora ela me parece se caracterizar por um esquecimento bastante fundamental: o papel do Estado e as estruturas políticas através das quais se exerce sua autoridade. Assim, por exemplo, não há qualquer referência ao Estado, nem no prefácio, nem na primeira parte. "Problemas, doutrina e método", redigidos por Pierre George, como menos ainda na parte "Perspectivas da geografia ativa em países subdesenvolvidos", que é de minha autoria. É contudo o Estado que organiza o espaço e decide as políticas de desenvolvimento.

Essa crença nunca foi teorizada, mas ela foi mais ou menos ressentida – e ela o é ainda – como aquilo que outras corporações mais experimentadas nos discursos filosóficos chamariam um corte epistemológico, para retomar a fórmula de Bachelard, depois de Althusser. Corte entre, de um lado, uma antiga geografia chamada, frequentemente, "pré-científica", que, estando principalmente a serviço dos soberanos e dos estados-maiores, preocupa-se com problemas políticos e militares e, de outro lado, a geografia científica universitária que aparece no fim do século XIX (não se falava então de "nova" geografia, mas os universitários a conheciam como tal) e que rejeita os problemas geopolíticos, para se consagrar a outras questões, de uma forma desinteressada, objetiva, como o faz, diz-se, uma verdadeira ciência.

Entre os fenômenos que advêm do político, sobretudo aqueles que estão ligados ao exercício dos poderes de Estado, e aquilo que eu proponho seja chamado a geografia fundamental (para marcar que ela é muito anterior à geografia universitária e que suas funções são indispensáveis ao Estado), as relações são primordiais. Também se pode compreender que o que impulsionou a corporação dos geógrafos universitários a passar sistematicamente em silêncio os fenômenos políticos a colocou, por força das mesmas circunstâncias, e desde sua formação, numa situação epistemológica bem difícil: a corporação rompia com aquilo que havia sido, nitidamente, uma das razões de ser da geografia, se separava dos cartógrafos e operava uma redução considerável do campo da geograficidade, sem encontrar argumentos sérios para justificar essa retração. Também é compreensível que ela tenha sido muito pouco pressionada para se definir teoricamente, tanto mais que seus interlocutores, os historiadores, estavam muito satisfeitos com essa evolução. Que seria hoje da história (do discurso histórico) se no decorrer do século XIX se tivesse produzido um fenômeno comparável ao que ocorreu com a geografia universitária e se os historiadores se dispusessem a passar em silêncio os fenômenos políticos? Quais relações de causalidade deveriam eles evocar? Como justificariam eles suas orientações?

Os historiadores universitários decidiram, eles também, no século XIX, se desprender do papel apologético ou hagiográfico que havia sido, durante muito tempo, o do "historiador do rei", para escrever uma história mais imparcial, mais crítica (as controvérsias políticas aí os ajudaram, de uma certa forma) mas eles nem por isso proscreveram tudo aquilo que decorre da política, o que havia sido, durante séculos, a sua razão de ser. O desenvolvimento de uma história menos dependente dos interesses dos governos foi acompanhado por uma grande desenvoltura da historicidade: fenômenos que até então haviam sido julgados prosaicos para serem dignos de fazer parte da história foram, progressivamente, abordados pelos historiadores.

Para os geógrafos universitários, o repúdio do político provocou uma considerável redução do campo da geograficidade, uma vez que o econômico e o social foram "esquecidos" ao mesmo tempo, e isso por vários decênios. Também, na medida em que se poderia falar de corte epistemológico na evolução da geografia do fim do século XIX e começo do XX, deve-se constatar que ela foi particularmente negativa, pois a redução do campo da geografia humana não é acompanhada de uma análise mais aprofundada dos fenômenos aos quais os geógrafos limitaram, desde então, os seus interesses. Enquanto, na evolução das diversas disciplinas científicas, o termo corte epistemológico serve para designar uma mudança qualitativa progressista que permite ver as coisas de maneira nova e eficaz, na evolução da geografia a mudança foi regressiva. A melhor prova do caráter negativo dessa transformação que proscreveu os problemas geopolíticos é o grande valor das obras que a corporação não quis levar em consideração, sem poder dizer por que, e que preferiu esquecer, bastante piedosamente *A França de Leste*, de Vidal de la Blache, e sobretudo a de Elisée Reclus[4].

Os geógrafos (e mesmo os geógrafos universitários, em seu período de geograficidade restrita) levam em consideração fenômenos que se originaram em categorias bem variadas, tanto "físicas" como "humanas" (cada uma delas sendo o domínio privilegiado de uma disciplina científica), com a condição de que eles sejam cartografáveis, isto é, que se possa ali reconhecer diferenças significativas na superfície do globo. É o sentido etimológico da palavra geografia e é preciso considerá-lo como fundamental, uma vez que é o único com o qual geógrafos de diversas tendências podem

---

4. "Esquecida também e, pelas mesmas razões, uma grande parte da obra de Jean Brunhes (especialmente sua *Geografia da história, geografia da paz e da guerra*, 1921).

e devem estar de acordo. A geografia privilegia as configurações espaciais particulares de todas as espécies de fenômenos, ao menos daquelas que derivam das diferentes ordens de grandeza, às quais se referem implicitamente os geógrafos.

Isso posto, não se pode encontrar qualquer justificativa teórica para a exclusão, do campo da geograficidade, da categoria de fenômenos políticos que são cartografáveis (e de acréscimo, já cartografados, sobretudo se se trata das fronteiras) e cuja importância social é, quer se queira, quer não, também indiscutível. Com as grandes linhas do relevo, são elas que figuram sobre as primeiras cartas. Essa exclusão do político (eu disse claramente o político e não a política) teve como efeito distanciar os geógrafos universitários de toda ideia de ação e privá-los dessa geografia fundamental que é, no que possui de essencial, uma geografia ativa ao pé da letra e que continuou a se desenvolver, aí compreendendo a cartografia, fora das estruturas universitárias, nos organismos que dependem diretamente do aparelho de Estado.

Como explicar esse princípio da exclusão do político, princípio não dito mas quase estatutário, tanto ele é sistemático, sobre o qual se funda a geografia universitária francesa? Por que esse ódio da geopolítica? Ele não se manifestou só na França, mas também nas diferentes "escolas" de geografia (mais ou menos influenciadas pelos geógrafos franceses) que viram, também, um critério de cientificidade. Na URSS, o ódio da geopolítica assimilada exclusivamente no início, ao pangermanismo, depois ao hitlerismo, é, tal como se apresenta, a causa capital da quase inexistência da geografia humana no sistema universitário. Mas é preciso levar em consideração a obsessão do segredo cartográfico que demonstram, por exemplo, os dirigentes soviéticos (e aqueles da maioria dos demais Estados comunistas), que reservam todas as cartas (salvo aquelas em escala muito reduzida) aos quadros do partido, das forças armadas e da polícia, sob pretexto de impedir a comunicação aos imperialistas, os quais, desde as fotografias dos satélites, possuem mais informações do que têm necessidade. As causas desse *blackout* sobre as cartas e o bloqueio da geografia humana e regional universitária na URSS devem, evidentemente, ser procuradas em razões da política interna.

É evidente que o mesmo não acontece na França, e o silêncio dos geógrafos universitários franceses quanto aos fenômenos políticos não pode ser explicado por razões de Estado. Seus dirigentes fizeram apelo, aliás frequentemente, a grandes geógrafos universitários e é de admirar que uma corrente de reflexão geopolítica não se tenha desenvolvido logo após *A França de Leste*, na escola geográfica francesa, para responder à geografia alemã.

Em 1918, por exemplo, na Conferência da Paz, Georges Clemenceau se rodeou de uma plêiade de geógrafos, dirigida por Emmanuel de Martorine, para discutir o traçado das fronteiras na Europa Central e nos Bálcãs. Os trabalhos desses geógrafos foram publicados (*Questões européias*, 2 volumes. Impressora Nacional, Paris, 1913), mas a corporação preferiu ignorá-los.

Para explicar a orientação tomada pela geografia universitária, eu chamei a atenção, a propósito de *A França de Leste*, sobre o papel da corporação dos historiadores, preocupada em reservar para si o discurso sobre a política, e muito poderosa no seio das faculdades de Letras, onde ela foi suserana, até certo ponto, daquela dos geógrafos. Não se deve, contudo, superestimar o peso dessas rivalidades corporativas e, se os geógrafos quisessem, de fato, tratar de questões geopolíticas, eles poderiam, sem dúvida, fazê-lo. Pode-se explicar sua recusa desses problemas pelo fato de formar futuros professores de "história e geografia", por ser o discurso da geografia universitária, em larga escala, do tipo pedagógico? Mas, ainda uma vez, os historiadores não abandonaram o político por causa disso, bem ao contrário!

Em resumo, no ponto em que eu me encontro nesta reflexão, não consigo obter explicação racional para essa rejeição dos problemas geopolíticos pelos geógrafos universitários e eu venho a me questionar se uma tal atitude não decorreria, em grande parte, do irracional ou do inconsciente: Bachelard não mostrou que é preciso considerar isso em certas orientações epistemológicas? Os geógrafos estão, no fundo, muito presos à ideia de uma geografia que seria uma espécie de sabedoria, uma geosofia, e de que eles seriam os oráculos de uma organização mais harmoniosa do espaço social, no interesse geral. Todo geógrafo se acredita um pouco demiurgo e é porque essa profissão (é bem mais do que uma profissão) lhe proporciona tanto.

Eu lembrei acima os geógrafos e o espectro da geopolítica. Isso pode parecer um efeito de estilo um pouco excessivo mas, quanto mais eu penso, mais a imagem do espectro me parece a mais apropriada, naquilo que ela exprime de mágoa ("não é científico"), de temor (Hitler!), de irracional, a tal ponto que não se quer falar dela, nem mencioná-la.

Sem dúvida, a maior parte dos geógrafos parece somente ignorar as questões geopolíticas, mas é suficiente que eles tenham de julgar uma obra que trate do assunto em relação à sua disciplina, para que se manifestem sua recusa e sua hostilidade, sem que eles possam justificá-las por um raciocínio teórico. Eu me pergunto, mas de maneira ainda muito vaga, se não seria porque a consideração desses problemas, que não são somente os de guerra, mas que fazem aparecer sempre o papel dos dirigentes de Estado na organização do espaço é que obrigaria os geógrafos a renunciar ao papel de demiurgo que eles se atribuem, mais ou menos conscientemente; quaisquer que sejam suas tendências ideológicas. De tanto examinar cartas em escala pequena, o que equivale a ver a Terra de muito alto, de tanto contar as etapas do levantamento das montanhas, de tanto analisar a beleza das paisagens e de explicar a desigual influência das cidades, estamos próximos de nos sentir mestres daquilo que se explica.

Os geógrafos não falam de "organização do espaço", mesmo quando eles tratam de geografia física, quando eles percebem a disposição das montanhas, o traçado dos grandes eixos da rede hidrográfica – e com mais razão ainda, quando eles explicam o contraste entre espaços abandonados e regiões densamente povoadas? Mas quem organiza? É a Natureza? Deus? Ou melhor, não é o geógrafo que põe ordem na compacta superposição dos fenômenos e clareia o obscuro jogo de forças, que é ele o único a compreender, no final de sua pesquisa? Essa sensação de poder não se rompe quando é preciso analisar como o espaço é efetivamente (e não mais metaforicamente) conquistado, organizado ou reorganizado sobre as injunções, mais ou menos lógicas, de certo chefe de Estado? A menos que, fato bastante excepcional, o geógrafo não tenha razões de se identificar com ele ou com a causa que pretende encarnar, em contraposição, a identificação retrospectiva com o Príncipe é clássica entre os historiadores. São motivações políticas poderosas, o horror da opressão ou o amor pela pátria que impulsionaram homens como Reclus e Vidal a analisar aquilo que outros geógrafos se recusam a ver, sem saber muito por quê. Não seria por que o geógrafo tende a se sentir mestre do mundo que ele tem essa repugnância de considerar o papel daqueles que o organizam e o disputam?

Para que um geógrafo supere essa repulsa, mais ou menos instintiva, com relação às questões geopolíticas e se decida a fazer dela o tema de uma obra capital, é necessário ter motivações poderosas, um pulsar que o transporte além do prazer[5] que ele tem de brincar de ser Deus. Foi o caso de Elisée Reclus, mormente quando ele escreveu *O homem e a terra*, e de Vidal de la Blache, quando ele redigiu, às pressas, *A França de Leste*. Em contrapartida, se nós considerarmos esses dois livros, que são, para cada um deles, a obra última e capital, constata-se que eles traduzem, tanto um como outro, uma concepção excepcionalmente ampla da geograficidade e uma grande preocupação com as estruturas econômicas e sociais dos problemas geopolíticos. Sem dúvida, Reclus era um comunista libertário e Vidal um conservador patriota, mas o que nos interessa aqui é sua concepção da geografia e a relação com suas preocupações políticas. Um como o outro combatem um adversário e lutam por uma causa: Reclus denuncia a injustiça e a opressão sob todas as suas formas e em todos os países; Vidal demonstra que a Alsácia e a Lorena devem voltar a ser francesas. Posições que se podem considerar como bem diferentes, mas poderíamos dizer que o engajamento sentimental de um e o de outro eram tão pouco semelhantes, quando se sabe que Vidal escreveu *A França de Leste* em 1916, enquanto seu filho, também geógrafo, acabava de ser morto na frente de batalha? E a causa a lastimar que leva Reclus a inventar essa geografia militante, reunindo e organizando sozinho, uma enorme documentação. É a causa a lastimar que obriga Vidal a passar além do tabu geopolítico e a quebrar os limites da geografia que ele considerava digna do discurso universitário, para mobilizar todos os argumentos. Enfim, última semelhança entre Reclus e esse Vidal: sua rejeição pela corporação durante decênios.

Se a escamoteação do Vidal de *A França de Leste* já é surpreendente, o esquecimento quase total da obra de Reclus, até a metade dos anos 1970, o é ainda mais, se considerarmos a crescente difusão das ideias de "esquerda"

---

5. Humboldt, aliás, evoca esse "prazer" na introdução de sua grande obra *O cosmos*.

na universidade francesa, após a Segunda Guerra Mundial. Que as ideias do anarquista Reclus tenham podido amedrontar outrora os meios "bem-pensantes", ainda passa (isso não impediu, contudo, o sucesso de sua obra entre as pessoas cultas), mas que a corporação dos geógrafos, onde homens de esquerda desempenharam um papel não negligenciável a partir dos anos 1950, tenha continuado a ignorar Reclus, é algo completamente inacreditável!

É, de fato, a partir dessa época que os geógrafos, mais ou menos influenciados pelo marxismo, começaram a expandir o campo da geograficidade e a levar em consideração os problemas econômicos e sociais. Como aconteceu que Reclus não tenha sido redescoberto concomitantemente?

Se Reclus tivesse sido um marxista ou se ele tivesse podido ser apresentado, a exemplo de outros pensadores, como um precursor longínquo do marxismo: é provável que o tivessem então redescoberto: trechos escolhidos do *O homem e a terra* teriam sido publicados para chamar a atenção sobre essa grande obra progressista, que dedica uma tão grande importância às lutas de classes e aos combates pela liberdade. Mas Reclus foi não somente um contemporâneo de Marx, como também um de seus adversários; eles se confrontaram sucessivas vezes nos congressos socialistas. E, sobretudo, Reclus é um comunista libertário e as críticas que ele fez sobre determinados pontos do pensamento de Marx aparecem ainda mais fundamentadas hoje – notadamente as críticas em oposição aos partidos comunistas que tomaram o poder e que o exercem, com os meios que não se podem ignorar agora.

É cada vez mais necessário que os geógrafos se preocupem com os problemas políticos e militares e reencontrem, assim, aquilo que foi, durante séculos, uma das razões de ser fundamentais do seu saber. De fato, a falência das representações ideológicas do mundo, baseada na oposição dos valores, do socialismo ao capitalismo, faz com que o termo geopolítica esteja prestes a se tornar uma palavra-chave das análises políticas, e não somente na mídia. Mas os raciocínios que ele envolve, de uma certeza pseudocientífica, parecem, para a maioria, de um simplismo consternador se os confrontarmos com a complexidade das situações geográficas; eles têm também o inconveniente de pretender se impor como se fossem evidências planetárias e, sobretudo, como fatalidades diante das quais nada se poderia fazer. Esses pretensos imperativos ou evidências geopolíticas são raciocínios perigosos, pois eles não só manipulam a opinião, mas também aqueles que a dirigem. É, pois, cada vez mais necessário mostrar a complexidade das situações, salientar que é simplista, ineficaz e perigoso pretender que o mundo seja dividido em algumas enormes entidades maniqueístas, como fazem acreditar os discursos sobre as relações Norte-Sul e os conflitos Leste-Oeste. Os geógrafos devem fazer a crítica dessas alegorias espaciais de envergadura planetária e mostrar que, para ter uma representação mais eficaz do mundo, é preciso levar em consideração os diferentes níveis de análise e, para cada um deles, a complexidade das interseções entre os múltiplos conjuntos espaciais. Eis aí a tarefa dos geógrafos!

15
MARX E O ESPAÇO "NEGLIGENCIADO"

A institucionalização da geografia dos professores na qualidade de discurso pedagógico "inútil", sistematicamente despolitizado, não favoreceu o desenvolvimento da vigilância com respeito aos geógrafos. E, no entanto, ela seria ainda mais necessária. Como é que historiadores e todos aqueles que se confrontaram com o problema do Estado não perceberam que a geografia, também, apreende o Estado e por uma de suas principais características essenciais, sua estrutura espacial, sua extensão, suas fronteiras? De fato, parece que esse silêncio cúmplice que continua a envolver a geografia, o qual se utiliza de numerosos clichês e argumentos, coloca um problema ainda bem mais profundo.

A geografia é uma representação do mundo. Mas não se fala disso nos meios que são, no entanto, ciosos de eliminar todas as mistificações e de denunciar todas as alienações. Os filósofos, que tanto escreveram para julgar a validade das ciências, e que exploram hoje a arqueologia do saber, conservam ainda, em relação à geografia, um silêncio total, embora essa disciplina devesse, mais que qualquer outra, atrair suas críticas. Indiferença? Falta de debate para arbitrar entre os geógrafos? Não seria antes uma inconsciente conivência?

É, evidentemente, inútil destacar a importância das transformações que o marxismo provocou na história, na economia política e em outras ciências sociais. Ele trouxe não somente uma problemática e um instrumental conceitual, como também determinou, em larga medida, o desenvolvimento dessa polêmica epistemológica e dessa vigilância quanto ao trabalho dos historiadores e economistas; essa polêmica e essa vigilância se manifestaram de início, fora da universidade, nos meios mais politizados e também, em seguida, no interior do mundo universitário. Ora, até os anos 1960, os marxistas não haviam ainda se preocupado com a geografia, embora se trate de um saber cujo significado econômico, social e político é considerável. Evidentemente, se se considera, como na URSS, que a geografia provém, no essencial, das ciências naturais, a fraqueza, senão a ausência dessas relações com o marxismo, não colocaria problemas, a tal ponto. Mas quer ela seja discurso mistificador, cuja função é considerável, ou saber estratégico, cujo papel não é menos considerável, a geografia tem por objeto as práticas sociais (políticas, militares, econômicas, ideológicas...) em relação ao espaço terrestre.

    A fraqueza do papel da análise marxista em geografia não é menos surpreendente. É preciso, de início, constatar o silêncio, o "branco" em relação aos problemas espaciais, que caracteriza a obra de Marx. Evidentemente, tal tipo de constatação não deixa de provocar uma legião de apoio para o defender: muito raros são aqueles que dizem ser a geografia coisa muito insignificante para que Marx pudesse ter se interessado por ela. Ele falou, vez por outra, dos problemas de espaço nas suas obras da juventude, até os Grundrisse, e sobretudo em seus escritos que tratam das questões militares (o que é uma prova a mais da função estratégica da geografia; a esse respeito, sempre a propósito das questões militares, as reflexões geográficas de Mao Tsé-tung são particularmente importantes). Ele esteve também particularmente atento aos problemas de relações cidade-campo, mas negligenciando uma grande parte dos problemas geográficos. Ele fez frequentemente referências à Natureza (e Engels ainda mais) mas aí também eliminando totalmente a dimensão espacial. A pequena preocupação que Marx testemunha em relação aos problemas espaciais desaparece com a formalização definitiva da crítica da economia política, tal como ela aparece no primeiro tomo de *O capital*. Quanto mais Marx organiza o seu raciocínio com referência constante ao tempo (e a história foi encontrada reorganizada) mais ele se mostra indiferente aos problemas do espaço. Contudo, na qualidade de filósofo e fortemente influenciado por Hegel, ele não poderia ter deixado de estar consciente das relações estreitas que existem entre o tempo e o espaço.

O que choca não é a falta de interesse de Marx para com os problemas geográficos: é a disjunção entre seus textos teóricos mais elaborados, *O capital* em primeiro lugar, e seus textos mais circunstanciais, militares ou político-estratégicos. O que choca no próprio bojo dos textos mais elaborados não é tanto a falta de interesse para com os problemas geográficos do que a irrupção, numa problemática globalmente aespacial, de raciocínios geográficos grosseiramente deterministas.

A tradição marxista herdará dessa dualidade: Plekhânov abusa do argumento geográfico; Lenin, Trotsky, Mao Tsé-tung, em confronto com os problemas da guerra revolucionária e com as tarefas do governo, explorarão as penetrações teóricas de Marx no campo do pensamento estratégico (eles completarão, aliás, sua bagagem conceitual pela leitura de Clausewitz). Enfim, a economia política marxista retomará os esquemas a-espaciais de *O capital*, pronta, bem recentemente, a se precipitar sobre metáforas espaciais as mais escorregadias, como "centro" e "periferia".

Coloquemos à parte Rosa Luxemburgo e Gramsci, cujo conjunto dos textos (não somente político-estratégicos) faz referência a uma problemática espacial: crítica do livro II e questão nacional para Luxemburgo, herança da filosofia da história italiana, relações entre Estado, território, dominação e hegemonia através da história da unidade nacional italiana, para Gramsci. Também é preciso se interrogar sobre a responsabilidade do stalinismo nessa esterilização do pensamento marxista.

O silêncio de Marx quanto à geografia é tanto mais difícil de ser explicado se pensarmos que, na época em que ele escreveu, os problemas espaciais já estavam em primeiro plano nas preocupações políticas dos militares prussianos e dos industriais do Ruhr, que a geografia, na qualidade de representação racional do mundo, já tinha alçado seu voo na Universidade de Berlim, onde ela é um dos mais belos florões, e que o sistema capitalista se organiza em escala internacional, dominando formações sociais extremamente diferentes, segundo os países.

Após ele, seis continuadores não deixarão de estudar o desenvolvimento do capitalismo, não somente no "centro", mas também na "periferia". Mas essas alegorias espaciais não existem sem perigo e arriscam favorecer a derrapagem do raciocínio.

O pouco interesse que Marx demonstra em relação aos problemas geográficos tem, ainda hoje, graves consequências. Para os marxistas, o essencial da argumentação política, quer se trate de problemas regionais, nacionais ou internacionais, se define em relação ao tempo, se expressa em termos históricos, mas ela só raramente faz referência ao espaço e, ainda assim, de uma forma muito alusiva e negligente. É contudo o espaço que é o domínio estratégico por excelência, o lugar, o terreno onde se defrontam as forças em presença, e onde se travam as lutas atuais.

Sintomas das dificuldades do marxismo em geografia

Contudo, o papel da análise marxista não deve ser somente apreciado em função do conteúdo da obra de Marx e do que foram os seus continuadores – a geografia não era, evidentemente, o seu propósito essencial – nem em função da argumentação dos militantes que eles inspiram; é preciso também examinar a prática atual dos geógrafos "de esquerda": eles estiveram, durante longo tempo, sob a influência verdadeiramente hegemônica da herança vidaliana; mas desde a Segunda Guerra Mundial há, na universidade, um número crescente de geógrafos, ainda que bastante minoritário, a ser mais ou menos fortemente influenciado pelo pensamento marxista: alguns deles desempenham um eminente papel científico. Contudo, em geografia a influência marxista parece ainda nitidamente menos forte que em certas disciplinas, tais como a filosofia, a história, a sociologia, a economia política, onde existem, há relativamente muito tempo, verdadeiras escolas marxistas, conhecidas, brilhantes, mesmo quando elas congregam um pequeno número de pessoas apenas.

Ora, hoje ainda somos obrigados a constatar que, se há marxistas entre os geógrafos, não existe ainda verdadeiramente uma geografia marxista. Talvez ela esteja a ponto de aparecer? Mas entre as ciências sociais, a geografia é o setor em que a análise marxista tem a maior dificuldade de se desenvolver. Evidentemente, isso é diferente para especialistas de outras disciplinas que encontram, nas obras dos grandes teóricos do marxismo, matéria para numerosas citações, para amplos comentários, para múltiplas reflexões polêmicas e exegeses, enquanto os geógrafos marxistas não têm muitas citações ilustres nas quais eles possam se inspirar.

Contudo, durante cerca de dois decênios, os geógrafos "de esquerda" puderam se considerar como os únicos a ultrapassar e a contestar os limites da geografia vidaliana. Eles foram os primeiros a recusar o corte que ela estabeleceu do lado das ciências sociais e a abordar o estudo dos fenômenos urbanos e industriais; mas nenhum deles fez então, explicitamente, referência às teses marxistas. Eles não são os únicos hoje a transpor a geografia vidaliana. De fato, desde alguns anos se desenvolveu, não sem sucesso, entre os geógrafos universitários, uma corrente neoliberal modernista, fortemente inspirada pela sociologia anglo-saxônica e pelos métodos quantitativistas executados pelos geógrafos americanos. Quanto mais a geografia vidaliana recusava o contato com as ciências sociais, mais os adeptos dessa "New Geography" se congratulavam e, fazendo isso, eles tiravam dos geógrafos influenciados pelo marxismo, o sentimento tranquilizante de serem os únicos a poder invocar o papel dos fatores econômicos, sociais e políticos.

Um dos mais antigos sintomas das dificuldades dos "geógrafos marxistas" foi a orientação de alguns, e não dos menores, para o estudo quase exclusivo dos problemas de geografia física, e mais particularmente de geomorfologia que, evidentemente, não podem derivar de uma problemática marxista. Esses geógrafos abandonaram, pouco a pouco, os estudos dos problemas humanos, que deveriam, no entanto, interessá-los, considerando-se suas ideias políticas. É assim que Jean Dresch, cuja ação anticolonialista foi grande, que estabeleceu em 1945, com Michel Leiris, o relatório sobre o trabalho forçado na África Ocidental Francesa e que encetou, nos anos 1950, toda uma série de pesquisas bastante importantes em geografia humana (sobre a geografia dos capitais nos países coloniais), consagra em seguida, à geomorfologia, o essencial de sua atividade. Sem dúvida, para numerosos pesquisadores nas ciências exatas, físicas e naturais, o marxismo determina suas opiniões e suas práticas políticas, mas não a sua problemática científica. Isso se passa de outra forma para as ciências sociais, onde problemática política e prática científica estão estreitamente ligadas. Sintomático o deslize de geógrafos marxistas que abandonam a concepção unitária da geografia (a apreensão dos fenômenos físicos em função da prática social) e se consagram, seja à análise exclusiva das formas de relevo consideradas em si mesmas, seja à reprodução dos discursos dos economistas e dos sociólogos, espacializando-os muito pouco, e ainda...

Uma outra dificuldade mais difundida da análise marxista em geografia se manifesta em numerosos trabalhos que decorrem, principalmente, da geografia humana: eles se caracterizam pelo enorme lugar ocupado por uma reflexão histórica, orientada para a análise das relações de produção e lutas de classes. Esse discurso de tipo marxista e que não é, necessariamente, original, é superposto com frequência, pura e simplesmente, a um discurso de geografia completamente clássico: a análise marxista dos problemas espaciais é camuflada por um discurso que decorre, de fato, da história ou da economia política. Esse desvio, num certo sentido, em direção à reprodução de discursos que são mais bem construídos, e cujo significado político é mais claro, coloca, se refletirmos bem, o problema da responsabilidade do geógrafo; sobretudo aqueles que, referindo-se ao marxismo, deveriam considerar o seu dever em participar das lutas sociais da forma mais eficaz. É de notar que esse lugar importante que ocupa o discurso histórico no bojo do discurso geográfico não é, evidentemente, específico dos geógrafos de influência marxista. Na medida em que os geógrafos perceberam que a situação que eles descrevem é o resultado de toda uma série de evoluções que se combinam (a das formas de relevo, do povoamento, a de diversas atividades econômicas...), o procedimento histórico toma, inevitavelmente, um grande lugar na explicação geográfica.

Mas essas explicações históricas tendem a se tornar um fim em si mesmas, na medida em que os geógrafos, marxistas ou não, são privados de toda prática.

No fundo, reproduzindo em seguida a, ou no lugar de, um discurso de geografia do tipo vidaliano, um outro discurso de tipo história-ciências sociais, a maior parte dos geógrafos de influência marxista não se preocupa em saber se aquilo que eles fazem é de fato "geografia"; sem dúvida pensam eles que sua explicação, embora seja mais ou menos "geográfica", é uma oportunidade de fazer referência ao marxismo e que isso não é inútil, sobretudo num meio tão "despolitizado" como é o da geografia, onde se colocam, ainda hoje, bem menos problemas que em outras disciplinas (quer se trate de estudantes ou de mestres).

Contudo, esse desvio dos geógrafos de influência marxista em direção à reprodução de um discurso história-ciências sociais tem um duplo inconveniente: de um lado esse discurso histórico não coloca claramente em causa o discurso da geografia vidaliana; ele vem, antes, completá-lo, coroá-lo e, por essa via, ele lhe permite continuar a funcionar como meio de bloqueamento e de mistificação; de outro lado, esse discurso histórico permite continuar a camuflar os problemas teóricos que é necessário colocar em geografia. Isso contribui para entreter, em amplos meios, a ideia de uma geografia, discurso pedagógico "inútil", mas inofensivo.

Princípios de uma geografia marxista ou fim da geografia?

Na verdade, o desenvolvimento de uma geografia que possa ser essencial e especificamente marxista esbarra em dificuldades epistemológicas fundamentais. Com efeito, o raciocínio geográfico se baseia sobre a consideração de múltiplos conjuntos espaciais, procedentes de diversas categorias científicas (geologia, climatologia, demografia, economia, sociologia etc.), enquanto o raciocínio marxista, que se fundamenta, também, sobre conjuntos, privilegia sistematicamente aqueles que se podem formar em função das diferentes relações de produção entre os homens.

Ora, esses conjuntos, proletariado e capitalistas, burgueses e feudais, pequenos camponeses ou camponeses sem terra e grandes proprietários fundiários, são dificilmente cartografáveis. Sem dúvida, pode-se facilmente fazer a carta das estruturas agrárias nesta ou naquela área, mas ela não explica completamente a situação na qual se encontram os camponeses. É preciso também levar em consideração as condições climáticas, pedológicas, topográficas, que não derivam, fundamentalmente, da análise dos marxistas e que estes tendem a negligenciar, em prol do estudo das relações de produção. Estas últimas são, evidentemente, fundamentais mas, contrariamente à tendência dos marxistas que reduzem ao econômico as características e as contradições das diversas sociedades, não se podem reduzir os problemas políticos, e mormente os problemas de poder, às modalidades de apropriação dos meios de produção.

Os geógrafos marxistas contribuíram, sobretudo, na análise dos problemas urbanos; os fenômenos de segregação social, de apropriação dos terrenos, de contradição entre o interesse coletivo e os apetites privados inserem-se, com efeito, de modo particularmente claro e simples, na problemática marxista. Ela fez suas provas nesse domínio.

Contudo, por mais importante que ela possa ser, a análise marxista dos fenômenos urbanos não pode se apossar, com exclusividade, da geografia marxista. Primeiro, essas pesquisas podem, com justiça, ser reivindicadas pelos urbanistas e sociólogos. Não se trata, bem entendido, de fazer corporativismo universitário, mas esse não é o meio de fazer avançar pela crítica os problemas dos geógrafos, o de imputar, a seu crédito, pesquisas que, na realidade, procedem de outras disciplinas, nas quais o estatuto epistemológico é bem mais avançado que o da geografia.

De outro lado, os geógrafos de influência marxista não são os únicos a estudar os problemas urbanos. Outros geógrafos, como outros sociólogos, outros economistas, que não se incluem absolutamente no marxismo e que não procuram sequer parecer "de esquerda", empreendem também essa análise das diversas formas da crise urbana, sem se referirem sistematicamente às contradições do sistema capitalista, sem apelar para sua destruição, falam, também eles, de "dominação", de segregação social etc. Desses geógrafos, os marxistas dirão que são "inconsequentes"... O que quer que seja, é claro que a análise dos problemas urbanos procede, numa larga escala, de um instrumental conceitual marxista ou marxiano.

Também bom número de marxistas geógrafos, esses mesmos que estão engajados em brilhantes análises dos fenômenos urbanos, pretendem que é suficiente manobrar o aparelho conceitual do marxismo no estudo de tudo aquilo que deriva das cidades, para ter a base de uma geografia marxista. As aglomerações urbanas não parecem dever reunir efetivos humanos cada vez mais numerosos e majoritários? As cidades não exercem um papel de polarização e de estruturação sobre os espaços rurais, onde as influências urbanas são cada vez mais fortes? Esses geógrafos consideram (quanto mais detêm, enfim, a base de uma geografia marxista) que eles podem se referir a numerosos textos "de base", aqueles que Marx consagrou aos problemas fundiários, às cidades, às relações da cidade e do campo, que estão na origem do sistema capitalista.

Essa posição dos geógrafos marxistas que julgam não haver mais questões teóricas fundamentais para ali serem debatidas, desde que façamos referências metodicamente ao marxismo, não deixa de colocar certos problemas.

De início, apesar do papel crescente das cidades na vida econômica e social e na organização do espaço, a geografia deve levar em consideração muitos outros espaços além dos da cidade ou aqueles que validamente se podem considerar como estruturados por uma rede de cidades. É preciso analisar a diversidade dos espaços rurais, onde as condições naturais e os fatores culturais são muito importantes. Nesse vasto domínio, os métodos de análise urbana não são operacionais. O estudo geográfico dos fenômenos urbanos, mesmo levado a diferentes níveis de análise, não parece, contudo, poder constituir mais do que uma parte somente da geografia, sobretudo se a considerarmos como saber estratégico ou análise científica, derive ela ou não do marxismo. Não é somente transferindo, extrapolando a problemática que contempla com eficácia as estruturas econômicas e sociais, que se avançará nos métodos de análise do espaço, que colocam ainda graves problemas, difíceis de circunscrever convenientemente.

De outro lado, considerar que a análise marxista dos fatos urbanos constitui a base de uma geografia marxista, coloca um outro problema: deveras, os geógrafos, influenciados ou não pelo marxismo, chegaram tardiamente ao estudo urbano, e eles estão longe de serem os únicos a se ocupar disso. Os sociólogos e os urbanistas são, por outro lado, mais numerosos e até mesmo os economistas se intrometem na economia urbana. Os geógrafos parecem se diluir nesse conjunto de ciências sociais, sem mesmo poderem pretender ser os especialistas da análise espacial, pois os urbanistas levantam e desenham cartas e planos, o que a maioria dos geógrafos não sabe fazer, por falta de prática.

Os sociólogos fazem malabarismos com a "produção" dos múltiplos espaços sociais e mentais, os economistas fazem economia espacial, os historiadores fazem a geo-história, enquanto os ecologistas se apoderam das relações homem-natureza.

Para muitos geógrafos universitários, o apossar-se dos problemas espaciais por parte de disciplinas mais brilhantes, mais influentes, mais na moda, é a causa principal e a manifestação capital da crise da geografia. Contudo, essas disciplinas "rivais" que "tocam" no domínio dos geógrafos, tratam dos problemas que eles não haviam ainda abordado, até agora.

Essa diluição, na verdade essa desapropriação da geografia, certos geógrafos a aceitam na prática; senão explicitamente, e, sobretudo, para os estudos urbanos, eles escorregam para a sociologia, em nome da "interdisciplinaridade". Esta tem, é claro, as vantagens que são tão apregoadas, mas ela apresenta o inconveniente, sobretudo para disciplinas como a geografia, cujo estatuto epistemológico é vago, de constituir um excelente álibi para camuflar, ainda, problemas teóricos que lhe são específicos.

Bom número de geógrafos marxistas, de tendências que se diria mais ou menos "esquerdistas", afirmam que geografia, sociologia, economia, história etc. não passam de etiquetas universitárias e desejam seu desaparecimento, para que se realize, enfim, uma síntese das ciências sociais, que só poderia ser, segundo eles, fortemente influenciada pelo marxismo, ou, ao, menos, colocada sob sua égide.

Se eles julgam útil liquidar a geografia sobre o altar da interdisciplinaridade, deveriam perceber que a abertura sobre as ciências sociais não é mais o apanágio dos geógrafos marxistas e, sobretudo, que a análise das diferentes formas da crise urbana, das favelas, das formas de segregação, das desapropriações fundiárias, da poluição, não é somente da alçada de geógrafos marxistas, preocupados em denunciar as taras do sistema capitalista e de desmascarar o seu funcionamento.

O destino da geografia universitária seria, portanto, o de desaparecer por diluição num conjunto de ciências sociais, das quais os geógrafos estiveram tão longa e tão contrariadamente mantidos à parte? Marxistas ou não, eles vieram se juntar aos sociólogos, aos economistas, aos urbanistas etc. no grande coro dos discursos sobre o espaço.

Essa crise da geografia não seria nada mais do que o anúncio de um *aggiornamento* que poria fim a um velho corte universitário e a uma disciplina que só seria individualizada por força das condições culturais particulares de alguns países europeus, no fim do século XIX? Não restariam da crise da geografia senão as "medidas cheias" dos liceus? Para que isso não aconteça, ministros ávidos de "reforma" e de "mudança" trataram de substituir rapidamente o discurso das ciências sociais por esse da geografia, que alguns consideram como uma prova do arcaísmo do ensino secundário francês.

Contudo, a geografia não parece prestes a desaparecer na qualidade de disciplina universitária e científica: ela se desenvolve com vigor, desde há pouco, em países nos quais ela não tinha tido importância até agora, como disciplina de ensino. Quanto mais o discurso dos geógrafos universitários tenha sido, durante muito tempo, amputado de qualquer prática, mais esse novo desabrochar da geografia está estreitamente ligado às pesquisas "aplicadas" e a considerações mais ou menos explicitamente estratégicas.

16
DO DESENVOLVIMENTO DA GEOGRAFIA APLICADA À "NEW GEOGRAPHY"

Sobretudo na França e na Alemanha (e em outros países que sofreram a influência cultural francesa ou alemã), a geografia figura, desde o fim do século XIX, no programa dos liceus e ocupa um lugar notório nas universidades, onde a formação de professores do secundário continua a ser ainda sua principal função. Em outros países, particularmente nos Estados Unidos, a geografia, por falta de mercados no secundário, não tinha ainda existência universitária, até uma época recente. Em contrapartida, "sociedades de geografia" são muito ativas ali; comumente presididas, como a National Geographic Society, por PDGs das grandes firmas ou por almirantes aposentados, elas difundem, desde há muito tempo, revistas muito bem ilustradas. Nos Estados Unidos, a *National Geographic Magazine* imprime dez milhões de exemplares. É a terceira revista americana.

Mas desde alguns decênios, a pesquisa em geografia se desenvolve rapidamente nos Estados Unidos, com recursos bastante consideráveis, seja nos organismos universitários, seja no quadro de outras estruturas. De fato, essa geografia, que não está ligada ao funcionamento de uma máquina para fabricar professores, parece cada vez mais útil àqueles que estão à testa das grandes firmas e do aparelho de Estado. Pois são eles que não somente propõem os contratos de pesquisa, mas também providenciam os meios materiais e as facilidades de acesso a informações confidenciais.

Diferentemente da geografia universitária, onde as pesquisas, assim como o ensino, foram concebidas como um saber pelo saber, radicalmente amputado de toda prática, as pesquisas de geografia "aplicada" são conduzidas em função de objetivos explícitos, seja para propor uma solução técnica, mais ou menos parcial, seja para fornecer informações que permitirão visualizar uma ação.

Nos Estados Unidos, as pesquisas de geografia "aplicada" se desenvolveram primeiro no prolongamento dos estudos de mercado, realizados pelos economistas, que foram levados, por razões de eficácia, a apreender a dimensão espacial, fator evidentemente essencial aos Estados Unidos. Muito cedo se impôs a ideia de que era preciso analisar as zonas de influência das grandes cidades e a irradiação dos serviços implantados em cada uma delas. De outro lado, operações de desenvolvimento regional, como a do célebre Tennessee Valley Authority, começada antes da Segunda Guerra Mundial, demonstraram o interesse de uma análise geográfica. Enfim, a extensão planetária dos interesses americanos, o fato de ter de visualizar intervenções rápidas nos locais mais diversos, fizeram com que a pesquisa geográfica fosse considerada uma ferramenta indispensável. As fotografias aéreas, e sobretudo aquelas tomadas por satélites, fornecem centenas de milhares de documentos que é preciso analisar, "tratar": a operação Skylab, que durou semanas, acumulou uma documentação extraordinariamente mais variada e sobre um grande número de fenômenos "naturais" e "humanos" para toda a superfície do globo, do que se conseguiria empregando milhares de geógrafos durante anos!

São razões comparáveis a isso que provocaram, faz pouco, o desenvolvimento de uma pesquisa geográfica global na URSS: até então, só a geografia física tinha ali direito de cidadania; mas a geografia humana que permaneceu ignorada, senão suspeita, até esses últimos tempos, começa, também, a se desenvolver.

Na França, as pesquisas de geografia aplicada são cada vez mais numerosas, de uma dezena de anos para cá. Mas elas não dispõem dos recursos da geografia americana, que estão nas mesmas medidas do imperialismo americano. Sobretudo as pesquisas de geografia "aplicada" na França, na medida em que são os geógrafos formados na universidade que se encarregam delas, se inscrevem num contexto intelectual bastante diverso. É verdade, existe desde há decênios uma pesquisa universitária em geografia, cuja finalidade e o processamento são bem outra coisa. Mas o que quer que digam alguns hoje, seu interesse não se mede apenas pelo papel que ela ocupa no ritual universitário, para ter acesso aos diferentes níveis da hierarquia. Evidentemente, em razão da indolência epistemológica na qual os geógrafos, por muito tempo, se banharam, a escolha dos temas que desenvolve essa pesquisa não era mais função do seu alcance teórico. Mais ainda, fechada no seu papel acadêmico, a geografia universitária não podia, de forma alguma, orientar suas pesquisas sobre problemas de uma grande utilidade prática.

Para que tivesse sido de outra forma, para que ela se pergunte como poder-se-ia agir em tal região, como se poderia modificar a situação para ali atingir tais objetivos, teria sido preciso que se lhe colocasse esse gênero de problema, que se lhe traçasse um programa de pesquisa em função de objetivos que se lhe tivessem sido definidos. Mas este *se*, quem é? Em última instância, são aqueles que detêm o poder, os estados-maiores do aparelho de Estado ou das grandes firmas. Não é o geógrafo que faz os arranjos, que empreende tal operação. Ele nada mais é do que aquele que junta os conhecimentos necessários para a elaboração dos planos de *aménagement* e estratégias de ação, que são decididas, em definitivo, pela política. Durante decênios, os geógrafos universitários não foram solicitados (seja porque eles tinham sido mantidos afastados dessas pesquisas, seja porque o poder não tenha julgado bom contratá-los); também suas pesquisas não tinham por finalidade mais do que o saber pelo saber desinteressado. Na falta de ter de procurar como se poderia conduzir determinada ação em determinada região (quais são os diversos "dados" favoráveis e desfavoráveis, nisso se compreendendo aqueles que não pareciam ter mais interesse "científico", mas que a estratégia deve apreender), os geógrafos foram reduzidos a se perguntar como se estabeleceram historicamente e se combinam certo número de fatores físicos e humanos, na verdade somente aqueles aos quais se convencionou atribuir um interesse "científico" (em função do exemplo dos mestres). Daí as enormes lacunas que caracterizam as descrições de inspiração vidaliana.

As pesquisas aplicadas não têm, evidentemente, o que fazer de um grande número de temas que a corporação dos geógrafos universitários julga cientificamente interessantes, e elas recaem sobre questões julgadas bem prosaicas. Também, num primeiro tempo, foram elas consideradas como mais ou menos subalternas pelos mestres da universidade e a maioria deles se absteve, de início, a se engajar pessoalmente. Mas agora existe de fato uma verdadeira competição para "descolar" contratos junto a diversos organismos governamentais e internacionais. Os créditos que eles despendem permitem a certos mestres se rodear de uma "equipe", cujo número atesta a influência do patrão. Contudo, esses contratos não são somente procurados por causa dos meios financeiros que eles envolvem fora da Universidade, ou do prestígio que eles conferem. Eles permitem a elaboração de meios importantes e a possibilidade de reunir uma informação abundante, o que constitui a condição para poder, enfim, abordar certos assuntos, cujo interesse científico é certo.

O interesse crescente que os mestres da geografia universitária dedicam aos problemas de geografia aplicada levou-os a perceber as insuficiências de... seus estudantes.

De fato, a formação que estes recebiam na ambiência da geografia vidaliana (e sobretudo em função das futuras tarefas de ensino) não os tornava mais aptos a participar utilmente de pesquisas de geografia aplicada. Também organismos como a Datar, cuja atividade é, no entanto, em grande parte, consagrada à análise geográfica, em função das políticas de *aménagement* do território, empregavam ainda muito pouco os geógrafos e mais os economistas. É porque os mestres da geografia universitária abandonaram as velhas prevenções com relação às ciências sociais para incitar seus alunos a se colocar como concorrentes dos sociólogos e economistas, imitando seus métodos.

Também os limites que se impunham, a reprodução do modelo vidaliano, a barreira que ele se esforçou por estabelecer do lado das ciências sociais estão hoje, cada vez mais, amplamente transpostas sem que para tanto os dirigentes dessa corrente "modernista" tenham empreendido uma crítica profunda da geografia dita "tradicional" e sobretudo sem que eles venham colocar um certo número de problemas epistemológicos fundamentais.

É nos Estados Unidos principalmente e em outros países onde a geografia escolar e universitária não se desenvolveu muito, que as necessidades da pesquisa em geografia aplicada conduziram, em boa proporção, a um conjunto de reflexões e de trabalhos teóricos que, cedo, foi batizado "New Geography". Este foi apresentado por seus participantes como o resultado de uma ruptura epistemológica em face do discurso literário e subjetivo da geografia "tradicional", e como passagem da geografia à categoria das ciências exatas. De fato, essa "New Geography", que é chamada também "geografia quantitativa" é baseada numa formulação muito avançada em termos de modelo matemático. Quanto mais o discurso da geografia universitária podia privilegiar o exame de alguns fatores julgados cientificamente interessantes e podia evocar suas combinações em termos qualitativos, tanto mais os métodos da geografia aplicada obrigam a levar em consideração um bem grande número de fatores: é preciso não somente dispor, para cada um deles, de um grande número de dados estatísticos, repartidos convenientemente no espaço e no tempo, mas também estabelecer um sistema de ponderação de seus papéis respectivos, para chegar à representação estatística do resultado de suas interações nos diferentes compartimentos que se traçam sobre a carta do espaço visado. Os métodos de análise fatorial não podem ser elaborados para tratar de um grande número de dados senão com o auxílio de poderosos computadores.

Essa geografia "moderna" vinda do outro lado do Atlântico, orgulhosa de suas formulações matemáticas e do recurso sistemático aos computadores, tem bastante prestígio. No clã de seus adeptos, pensa-se que as reticências que ela provoca entre os herdeiros da escola geográfica francesa, cujo renome fenece, só são devidas à fraqueza de seu nível em matemática. A geografia "aplicada", a geografia "quantitativa", a "New Geography", na medida em que elas se propaguem (na França elas não atingem ainda mais do que uma pequena minoria de universitários), irão por elas mesmas resolver os problemas da geografia?

Geógrafos mais ou menos proletarizados para pesquisas parcelares confiscadas por aqueles que as pagam

Para os geógrafos, encerrados até agora em sua função ideológica profissional, a pesquisa aplicada é a possibilidade de se sentirem úteis para qualquer coisa, sentimento muito profundo entre muitos deles. Têm eles o sentimento de se religarem com a tradição dos geógrafos e de restabelecer, ao mesmo tempo, relações com o poder e ligações entre saber e ação? É certo que a geografia seja uma representação do mundo que os incita a brincar um pouco de demiurgo?

O que seduzirá a maioria dos geógrafos na geografia "aplicada" é a ocasião de não serem mais professores e de terem outros interlocutores além dos estudantes; a geografia "quantitativa", ainda com mais prestígio, teria mais adeptos se não fosse a dificuldade com a matemática.

A multiplicação das pesquisas em geografia "aplicada", pela experiência que perseguem, tirando os geógrafos da função ideológica em que estão encerrados, poderia permitir a resolução dos problemas da geografia, quer dizer, não somente os problemas dos geógrafos no plano da produção de ideias, mas também os problemas do saber geográfico, o saber pensar o espaço no seio da sociedade? No estado atual das coisas, seguramente não. Em primeiro lugar, se podemos falar de maneira geral da "geografia aplicada" como de um conjunto de pesquisas, não se deve esquecer de que se trata, concretamente, de uma multiplicidade de pesquisas que não são coordenadas ao nível daqueles que as efetuam; e não é, de forma alguma, porque elas se referem, o que é inevitável, a problemas extremamente variados e a espaços de dimensões extremamente desiguais (desde a monografia da aldeia ou a exploração agrícola, até o estudo focalizando milhões de quilômetros quadrados, como para os problemas do Sahel), nem porque elas sejam efetuadas por um grande número de pesquisadores que intervêm, frequentemente, em tarefas relativamente limitadas.

Bem entendido, esses pesquisadores dispõem de meios materiais e facilidades de informação que não teriam para uma pesquisa universitária, mas, pelos termos do contrato que cada qual assinou, eles não estão mais livres para conduzir a sua pesquisa a seu bel-prazer, nem, sobretudo, para divulgar os resultados. Estes pertencem, por contrato, à administração, ao escritório de estudo, à empresa, à organização internacional, que se reservam o direito de os manter secretos, ou de difundi-los de forma mais ou menos confidencial. Muito fraca é a proporção de trabalhos de geografia aplicada que são objeto de publicação.

Assim, a maior parte dos geógrafos que participam de pesquisas desse gênero ignoram-se uns aos outros e, sobretudo, o que é ainda mais grave, eles não podem comunicar os resultados de suas pesquisas, nem comparar seu método. Certos pesquisadores não sabem mesmo, muito bem, que utilização será efetivamente feita de seu trabalho. A experiência que pode tirar cada geógrafo engajado nesse gênero de pesquisa se acha, portanto, limitada e perde seu efeito de treinamento.

A pesquisa "aplicada" se torna um mercado, onde uns e outros tentam se colocar e se fazer bem, vistos pelos financistas. Não se fala nunca entre colegas sobre os contratos que se obtiveram, pois não se quer fazer alarde sobre a remuneração que se ganhou, nem indicar a outros os meios e manobras seguidas.

Toma-se cuidado, sobretudo, de não dar a conhecer os resultados de uma pesquisa, a menos que isso tenha sido devidamente autorizado pelo organismo que é proprietário, pois se teme, senão um processo, na melhor das hipóteses que essa indiscrição comprometa, para sempre, a oportunidade de obter outros contratos... Mesmo quando pesquisadores estão reagrupados num grande organismo de pesquisa aplicada, como o Orstom (Ofício da Pesquisa Científica e Técnica de Além-Mar), é bem sabido que eles são submetidos a um controle muito rígido e que seus trabalhos são objeto de uma difusão bastante restrita.

Diversamente à pesquisa universitária, onde os resultados são normalmente publicados no nome daquele que os obteve – e essa personalização das ideias produzidas vale muito, como para todos os intelectuais –, a pesquisa em geografia aplicada coloca o pesquisador num *status* bem diverso, o de todos os assalariados que perdem qualquer direito sobre os frutos de seu trabalho, desde que tenham sido remunerados. Trata-se, no fundo, de uma espécie de proletarização. Claro, isto não é tão sensível para aqueles que ainda são universitários de alto gabarito, mas o termo não é, de forma alguma, exagerado para os estudantes mais ou menos avançados, que são frequentemente utilizados como mão de obra pelo "patrão-professor" que assinou o contrato. O sistema hierárquico universitário, construído na base de relações de domínio e dependência no plano do saber, começa a se combinar com verdadeiras relações de exploração.

Pouco a pouco, as atividades de pesquisa, no seu conjunto, tendem a não poderem mais ser realizadas senão em condições que proíbem a difusão dos seus resultados: é unicamente fazendo a pesquisa por conta de determinada organização que se pode não somente dispor de certos meios materiais, como, sobretudo, da possibilidade de ter acesso à informação.

É verdade que certo número de trabalhos de geografia aplicada que se beneficiaram de meios consideráveis foram objeto de publicação pelo organismo que os financiou, sob o nome daquele que dirigiu as pesquisas (e sem esquecer aqueles que delas participaram). Tanto melhor, mas no mesmo rol se encontram praticamente desqualificados trabalhos universitários que são executados individualmente, sem o auxílio de um pessoal numeroso, sem computador e, sobretudo, sem possibilidade de acesso a uma documentação que os órgãos de Estado reservam, cada vez mais, às pesquisas que eles podem controlar diretamente.

O desenvolvimento das pesquisas de geografia quantitativa vai no mesmo sentido; ela implica massa de dados estatísticos e meios de tratamento muito dispendiosos. Uns e outros dependem, de fato, do aparelho de Estado ou das grandes firmas. O que implica que essa "New Geography" quantitativista perto da outra, a geografia tradicional, que parece insignificante, é praticamente proibida a pesquisadores que não foram agregados por aqueles que detêm o poder.

Sem dúvida, a execução dos métodos de análise quantitativa torna indispensável um esforço de purificação teórica. A utilização sistemática dos computadores e de um estoque de dados consideráveis, reunidos para múltiplas finalidades, permite dispor, rapidamente, de informações bastante precisas quanto às configurações espaciais de um enorme número de conjuntos e subconjuntos e quanto às suas relações. Mas o progresso dos métodos de análise espacial e do desenvolvimento da geografia "aplicada" acarreta, contraditoriamente, uma transformação do estatuto dos geógrafos e do papel de suas pesquisas. A posição universitária de intelectual independente, que liga seu nome aos resultados de uma pesquisa que ele escolheu, que ele realizou na qualidade de obra científica pessoal (e, às vezes, de obras-primas), que ele pode fazer ser conhecida mais ou menos amplamente, tende a ceder lugar a uma condição de empregado, de técnico engajado sob contrato, frequentemente a título temporário, para efetuar anonimamente uma pesquisa mais ou menos parcelada, por conta de um organismo público ou privado, que fixa o objeto e o quadro espacial e que detém os resultados, a título de propriedade exclusiva.

Enquanto os resultados das pesquisas científicas e técnicas, por exemplo, em física, química, eletrônica etc., aí compreendidas aquelas que são efetuadas no quadro das empresas privadas, são objeto de numerosas publicações (após, bem entendido, o depósito de patentes), o que permite a cada pesquisador situar sua pesquisa, bastante especializada, no quadro da disciplina que lhe concerne (essa circulação das ideias corresponde, aliás, aos interesses das empresas), a grande maioria dos trabalhos de geografia aplicada permanecem confidenciais, justamente por se tratar de análise espacial.

De fato, tanto mais os fenômenos econômicos e sociais fazem o objeto de abundantes publicações e estatísticas, desde o momento que se trate de análises setoriais, abrangendo o conjunto das circunscrições do Estado, mais a análise da situação global de tal região, tal local (e mais ainda, os projetos relativos a tal parte do território) permanece confidencial, sob pretexto de que cada uma delas só interessa a um número muito reduzido de pessoas. Na realidade, é sobretudo porque os resultados dessas pesquisas são informações eminentemente políticas; não é tanto para evitar sua difusão nos meios "científicos" que essas informações permanecem confidenciais, mas antes para evitar que os grupos de populações que vivem em tal local, em tal região que foi objeto dessas pesquisas, tenham conhecimento delas por vários canais. Para as *enquêtes* colocadas em situações das quais não se percebem todas as características e todos os fatores, os resultados dessas pesquisas teriam uma importância considerável; eles lhes permitiriam ver melhor o que se passa concretamente na sua localidade e serem informadas daquilo que correria o risco de ali se passar.

É por essa razão que todos esses negócios de geografia "aplicada", de geografia "quantitativa" não dizem só respeito aos geógrafos (e àqueles que os empregam) mas a todos os cidadãos. Para o desenvolvimento de uma sociedade democrática, é grave que seja somente a minoria no poder que saiba como a situação se transforma concretamente nas múltiplas partes do território, e como se pode intervir nessas mudanças.

Não é o essencial da geografia "aplicada" ou da geografia "quantitativa" que deve ser colocado em causa; a orientação de uma, e os métodos da outra são indiscutivelmente positivos e, aliás, não é possível frear o seu desenvolvimento. Mas são suas consequências políticas inevitáveis que devem ser denunciadas: o fato de elas serem orientadas em função das preocupações exclusivas do poder e que seus resultados sejam confiscados por aqueles que detêm as alavancas de comando das organizações burocráticas e financeiras dá, de um só golpe, um papel particularmente importante à pesquisa universitária (apesar de suas insuficiências), na medida em que seus resultados são não só publicados e discutidos entre "especialistas", mas podem atingir, por diversos canais, meios bem mais amplos.

Mas não diríamos mais que é inevitável, desde que a geografia produza um saber estratégico, que a minoria no poder usurpe esse saber? Tradicionalmente, antes do desenvolvimento da "geografia dos professores", os geógrafos não dependiam diretamente dos "estados-maiores" e os resultados de seus trabalhos não provinham do segredo mais estrito? Evidentemente! Mas tratava-se de técnicos pouco numerosos, militares sobretudo.

Hoje, é bem diferente: os "estados-maiores" militares, administrativos, financeiros possuem ainda seus próprios serviços de pesquisas, de documentação geográfica, encarregados de tarefas as mais particulares. Mas existe agora um número bem maior de geógrafos que antigamente tinha, e, sobretudo, a maioria deles tem, na sociedade, o estatuto de universitários, de cientistas, e eles não dependem mais, portanto, direta e totalmente dos "estados-maiores". Levando-se em consideração o aumento do número de estudantes, o efetivo dos geógrafos ensinando na universidade aumentou rapidamente nos últimos anos – na França eles passaram de 23 em 1920, 71 em 1955, para 544 em 1972 e 1.157 em 1984 (aí compreendidos os pesquisadores CNRS – Centro Nacional de Pesquisas Científicas) – e são eles que efetuam uma boa parte das pesquisas de geografia aplicada, que comandam os diversos serviços da administração ou organismos privados. Esses geógrafos, cercados por discípulos mais jovens, estudantes mais ou menos avançados, se encontram no bojo da universidade; esta não é mais, como outrora, mera máquina de fabricar professores; o aumento do número de estudantes, o papel da mídia, a evolução política fizeram também da universidade um dos principais locais de discussão e de contestação. É portanto necessário que os geógrafos tomem consciência dos problemas que coloca a evolução da pesquisa: por causa deles próprios, dessa tendência à "proletarização" e também, para todos os cidadãos, das consequências da usurpação dos resultados em proveito de poucos.

É imprescindível que os geógrafos tenham relações com o poder e tais relações são necessárias para que a geografia não seja tão só um discurso ideológico e que ela apareça como saber estratégico. Mas essas relações podem não ser necessariamente servis; elas podem ser contraditórias e, para certas pessoas, antagônicas.

17
PARA UMA GEOGRAFIA DAS CRISES

Para certas pessoas, colocar-se o problema do saber e do poder as conduz a evocar a necessidade de uma mudança radical e absoluta de toda a sociedade e, em particular, à supressão de uma das formas iniciais da organização social: a divisão do trabalho. Isso dito, como não é para amanhã, eles não fazem mais nada.

Mas é preciso não esperar tanto as condições de uma mudança total e tentar fazer desde já aquilo que se pode. Isso é particularmente bastante importante a propósito da geografia, porque ela pode ser um saber estratégico e porque se multiplicam, rapidamente, em proveito do poder, as pesquisas geográficas cujo caráter estratégico é evidente.

É preciso se perguntar por que a geografia "aplicada" se desenvolve cada vez mais desde cerca de dois ou três decênios, aproximadamente. Não é somente o resultado de uma moda dos dirigentes ou o efeito do zelo dos geógrafos em contribuir para o bem público.

Sem dúvida pode-se dizer que, desde que se fizeram traçados de estradas, ferrovias, ou que se criaram cidades, fez-se geografia "aplicada", e são sobretudo militares, engenheiros, homens de negócios que trabalharam um conjunto de informações, de cartas e de raciocínios para dominar o espaço e ali agir. Essa fase, que corresponde à descoberta e à organização de espaços até então mal conhecidos e mal controlados por aqueles que detinham o poder, está quase terminada na maioria dos países. Ela durou até o fim do século XIX nos "países novos", até a metade do século XX na URSS, mas ela bate em cheio atualmente nos países do Terceiro Mundo.

Hoje, na maioria dos países, as pesquisas de "geografia aplicada" se desenvolvem principalmente em espaços onde se manifestam, recentemente, dificuldades de ordem variada. Essa "manifestação das dificuldades" é uma expressão ambígua que envolve relações complexas de causalidade: seja que o governo se ache levado a "considerar" fenômenos já antigos, em razão de seu agravamento brutal, em decorrência de uma tomada de consciência quase geral; seja que os dirigentes se advirtam de que certa região "conhece" tal problema "específico", que é, na realidade, bem mais geral. Sempre acontece que as pesquisas de geografia aplicada são direta, ou indiretamente, função de "problemas", de "dificuldades", de "mal-estares", de "desequilíbrios", que se trata para o governo de resolver, de transpor. É de notar que essas pesquisas não são, diretamente, uma tarefa dos burocratas, dos políticos ou dos práticos, mas são da alçada dos "especialistas", geógrafos (transformados, às vezes, em planejadores espaciais) que têm um estatuto de "cientistas". Esses são, numa grande proporção, externos aos organismos políticos e administrativos, para quem esses estudos são realizados, e que terão, ao menos em princípio, de tomar decisões, em consequência.

Esse recurso a "cientistas" que não têm de tomar decisões políticas, ou decidir sobre prescrições técnicas, traduz entre aqueles que têm o poder (tudo de uma vez):

- a necessidade de ter uma ideia precisa da situação quando dificuldades novas aparecem, mas das quais se entreveem mal as causas;
- a ideia de uma análise "científica" pode, sem dúvida, ajudar a encontrar uma solução e que um melhor *aménagement* do espaço pode ser um remédio;
- o cuidado de dissimular, sob razões de interesse geral expostas cientificamente (por exemplo, as desigualdades regionais), estratégias bastante lucrativas para certos interesses particulares.

Há também a considerar que, na maioria dos países, os problemas e as dificuldades proliferam e se diversificam, de acordo com os lugares. Como as coisas evoluem depressa, é preciso fazer novas *enquêtes*.

É preciso notar que essas pesquisas que se multiplicam são conduzidas separadamente, em toda uma série de lugares e de regiões, sobre problemas bem diversos, por geógrafos que se ignoram, para organismos diferentes que, estes sim, estão direta ou indiretamente em contato uns com os outros. De fato, essas pesquisas estão ligadas à multiplicação das tensões, das dificuldades disparatadas, dos desequilíbrios variados. Elas se manifestam em regiões cada vez mais numerosas na face do globo, não uniformemente, mas de uma forma cada vez mais diferenciada. A melhor maneira de se tomar conhecimento, globalmente, do aparecimento e da gravidade de todos esses sintomas negativos, na maioria dos países, é a de colocar a hipótese de uma crise que adquire formas diferentes segundo os lugares. Não se trata de reduzir essa crise global e de longa duração à crise econômica atual, cujas manifestações começaram a aparecer no início dos anos 1970. Esta agrava aquela. Segundo os casos observados e as tendências ideológicas, evoca-se de início, como manifestação capital dessa crise de conjunto:

- seja a destruição da biosfera, como consequência de um crescimento industrial que faz bola de neve desde há um século e que tomou uma amplitude espetacular após a Segunda Guerra Mundial e até o início dos anos 1970;
- seja a degradação das potencialidades de culturas permanentes nas porções do globo onde vive a maior parte da humanidade;
- seja o desencadeamento, de 30 anos para cá num grande número de países, de um crescimento demográfico prodigioso que irá fazer quadruplicar o número de homens, em menos de um século;
- seja a extensão e o inchaço de enormes aglomerações urbanas, onde se concentram tanto os bens, como os serviços e as populações;
- seja a acentuação dramática das desigualdades entre os homens que vivem nas diferentes regiões do mundo, entre os quais as relações de domínio, de dependência, são cada vez mais estreitas;

– seja o confronto direto ou indireto das grandes potências que procuram expandir os espaços sobre os quais se exerce a sua hegemonia, e que acumulam, sem trégua, um formidável potencial de destruição.

Mas todos esses problemas, todos esses perigos, novos ao menos pela amplitude que acabam de tomar, aparecem como se estivessem cada vez mais ligados uns aos outros. Eles se impõem como os sintomas capitais de uma crise global. Mas, por mais catastróficas que possam ser, em certos lugares, tais sintomas negativos não estão menos ligados a transformações positivas e a um conjunto de progressos: o recuo da mortalidade e das doenças, os progressos da alfabetização, o desenvolvimento científico e técnico, a conquista da independência nacional para um grande número de povos dominados, o recuo dos métodos, os mais arcaicos, de opressão, os progressos do socialismo, mesmo se estabelecem, em nome do progresso, formas de autoridade mais eficazes.

Essa crise global resulta do desenvolvimento de várias grandes contradições; não é, sem dúvida, o Apocalipse, mas uma crise dialética global, de dimensões planetárias, que começou a se esboçar com a revolução industrial na Europa e se ampliou na medida dos desenvolvimentos do sistema capitalista; ela não deixou de afetar, por contragolpe, os países socialistas que, de acréscimo, conhecem suas contradições específicas.

Essa crise dialética se acelera, não somente no tempo, como também no espaço. Ela não se manifesta uniformemente na superfície do globo mas, bem ao contrário, ela aí toma formas cada vez mais diferenciadas, embora cada vez mais ligadas umas às outras. Esse processo de diferenciação está ainda muito mal analisado. Faz-se alusão a ele, constatando, de modo extremamente esquemático, os contrastes que existem entre os países ditos "desenvolvidos" e os países ditos "subdesenvolvidos". Mas essa diferenciação, que está ligada aos efeitos contraditórios de fenômenos relacionais cada vez mais rápidos e estreitamente ligados, se manifesta não somente em nível planetário, mas no bojo do Terceiro Mundo, como no bojo do grupo dos países mais industrializados e também no quadro de cada Estado, como no quadro das diversas "regiões", que é útil distinguir para cada um deles. Essa diferenciação não se marca somente por indicadores econômicos, os quais, após os economistas, adquirimos o costume de referir. Ela se manifesta também no plano de cada um dos diferentes grandes tipos de contradições que parece útil distinguir (por exemplo, as contradições demográficas, as contradições ecológicas, as contradições políticas...). Sua propagação, suas interações, não se efetuam somente sobre formas de organizações econômicas e sociais já bastante diferenciadas, mas também num espaço onde a diversidade das condições naturais, ecológicas, é ainda mais complexa, em razão das transformações provocadas pelos métodos de exploração que ali foram praticados. Para perceber os diferentes aspectos dessa superposição, cujos elementos conhecem ritmos de evolução mais ou menos rápidos, é preciso distinguir vários níveis de análise espacial, pois as contradições não se manifestam da mesma forma, quando as abordamos em âmbito local (tal como as pessoas as suportam diretamente) e sobre muitos espaços mais amplos, onde elas devem ser apreendidas de maneira mais abstrata.

Para os geógrafos que se dão, ou se darão, à tarefa de contribuir para a compreensão desta crise global, percebendo a diversidade de seus aspectos, as motivações não são estritamente "científicas". Essa preocupação com os problemas capitais de nosso tempo é, evidentemente, estreitamente ligada a preocupações políticas. Há também a preocupação de ser útil, em qualquer coisa, aos homens. Trata-se, de qualquer forma, de uma pesquisa científica militante, quer ela se inscreva no quadro universitário, quer no da geografia aplicada.

Hoje, mais do que nunca, o saber é uma forma de poder, e tudo que diz respeito à análise espacial deve ser considerado perigoso, pois a geografia serve, primeiro, para fazer a guerra. Não somente no passado mas hoje, talvez mais do que nunca: assim, por exemplo, são as pesquisas da "New Geography", onde os geógrafos de extrema-esquerda tiveram um papel muito importante, o que tornou possível a elaboração das técnicas de cartografia automática e sua aplicação naquilo que se chamou, no Vietnã, de "guerra eletrônica": o computador estabelece, de modo quase instantâneo, as cartas de todos os movimentos que foram detectados por instrumentos automáticos. Isso permite intervenções extremamente rápidas.

Em si mesma, a análise das formas de diferenciação espacial da crise constitui um saber estratégico extremamente útil, portanto extremamente perigoso. Os dirigentes das grandes firmas e dos grandes aparelhos de Estado, capitalistas, apesar de sua repugnância ideológica com relação ao marxismo, são também "realistas". Eles se lembram, por exemplo, de que puderam interromper as crises clássicas de superprodução, a partir do momento em que o Dr. Keynes se apoderou implicitamente da análise de Marx, para propor uma estratégia "anticíclica", e eles perceberam que a reforma agrária, reclamada desde há muito pelas forças de esquerda em numerosos países, poderia não ser assim tão má. De fato, os dirigentes dos aparelhos de Estado e dos grandes grupos capitalistas têm cada vez mais necessidade de uma análise marxista, nem que seja para, no mínimo, compreender o "terreno" e as intenções do adversário. Mas lhes é bem difícil, por razões evidentes de estratégia ideológica, incitar aqueles que trabalham para eles a assimilar o marxismo para poderem analisar eficazmente as situações, e suas evoluções contraditórias. É porque, para aquilo que foi convencionado chamar os estados-maiores, é necessário, senão apelar para pesquisadores marxistas, ao menos deixá-los produzir para utilizar seus trabalhos.

É, mais ou menos conscientemente, para tentar conjurar essa "utilização" de suas pesquisas que, desde há alguns anos, geógrafos, sociólogos e antropólogos marxistas fazem debitar suas obras por proclamações anticapitalistas e anti-imperialistas, as mais radicais, como se elas pudessem dissuadir os agentes do poder de levar em consideração os resultados dessas pesquisas, que vêm após tais propósitos revolucionários. Mas essas proclamações nada mudam o fato de que as pesquisas em ciências sociais e em geografia fornecem às minorias dirigentes informações tanto mais preciosas se procederem de uma análise marxista. Ainda que não seja inútil, é depressa proclamado em substância: "Abaixo a geografia tecnocrática!". Contudo, é difícil não fazê-lo. De fato, não se trata tanto de um problema moral que se colocaria somente ao nível do pesquisador nas suas relações com o poder, como do controle, do reagrupamento pela minoria no poder, de conhecimentos que concernem a todos os cidadãos.

18
ESSES HOMENS E ESSAS MULHERES QUE SÃO "OBJETOS" DE ESTUDO

Os geógrafos – ao menos aqueles que se interrogam por razões políticas, morais ou religiosas sobre o papel que desempenham em relação a outros homens – devem perceber que estão numa grave contradição. De fato, o problema não está somente entre o pesquisador e o poder, mas entre o pesquisador, o poder e aqueles que vivem no espaço ao qual se refere a pesquisa, isto é, os homens e as mulheres que são, como se diz, "objetos" de estudo. A geografia deve estar bem consciente de que, analisando espaços, ela fornece ao poder informações que permitem agir sobre os homens que vivem nesses espaços. A contradição pode ser esquematizada da seguinte maneira: quanto mais uma pesquisa estiver em condições de apreender as realidades (e, em particular, mais ela percebe as diversas contradições, referindo-se mais ou menos explicitamente a uma análise marxista), isto é, quanto mais o valor científico dessa análise for grande, mais o poder disporá de informações preciosas que lhe permitirão agir de forma eficiente sobre o grupo estudado: teoricamente, é para o bem deste último ou no interesse geral, mas de fato, na maioria das vezes, não é nada disso.

O geógrafo deveria, portanto, se perguntar para que pode servir e em que contexto político se inscreve a pesquisa que ele empreende ou que lhe pedem para empreender, ele deveria mesmo recusar, ao menos recusar dar a conhecer os resultados, nos casos em que, manifestamente, os dados que ele fornece servem para espoliar ou arrasar uma população, em particular, aquela que ele estudou.

É preciso que o geógrafo perceba que ele é, de fato, não um espectador impotente, mas um agente de informações, quer queira, quer não, a serviço do poder, e suas proclamações revolucionárias ou suas preocupações morais não mudarão nada aí. É preciso que ele perceba que sua pesquisa pode ter graves consequências, mesmo se ela apresenta um caráter parcial (pois seus resultados podem ser combinados aos de outras pesquisas), mesmo se ela só aborda as características físicas de um espaço (foi de acordo com as conclusões de geomorfólogos quanto à erosão que, em numerosos países, centenas de milhares de pessoas foram expulsas dos lugares onde viviam, para fazer reflorestamento, trabalhos de defesa e de restauração dos solos). O geógrafo deve se lembrar constantemente que a geografia é um saber estratégico, e que um saber estratégico é perigoso.

Esse problema moral e sobretudo político deveria ser inseparável da prática científica. Ele não se coloca somente para aqueles que são mais, ou menos, influenciados pelo marxismo, mas para todos aqueles que se interrogam sobre sua profissão e o papel que ela tem na sociedade. Cada geógrafo deve tomar consciência de suas responsabilidades com respeito aos homens e mulheres que vivem no espaço que ele estuda e que são, direta ou indiretamente, "objeto" de sua pesquisa.

Quanto mais o espaço apreendido for amplo, quanto mais o grupo[1] que eles formam for numeroso, mais ele é visto em escala pequena, de modo abstrato, por meio de dados estatísticos, e mais as responsabilidades do geógrafo parecem se diluir: houve e haverá tantas outras pesquisas sobre essa região...; é então sua consciência dos problemas políticos, em geral,

---

1. Esse termo, usado com tanta frequência, tem, evidentemente, um significado muito variável e ambíguo.

que pode levá-lo a não negligenciar as consequências políticas que podem ter seus trabalhos. Nós voltaremos a falar disso.

Em contrapartida, quando a pesquisa é conduzida em grande escala, quando ela aborda um espaço relativamente restrito, onde vive um grupo de homens e de mulheres relativamente pouco numeroso, o geógrafo não deveria poder camuflar suas responsabilidades. É contudo o que ele faz, o mais frequentemente, uma vez que relações pessoais se estabeleceram entre ele e os personagens da *enquête*, pois ele lhes deve uma grande parte dos resultados de sua pesquisa: todo geógrafo "no terreno" (esse termo tem um valor muito forte para os geógrafos, assim como para os militares) sabe muito bem que ele não pode conduzir sua pesquisa sem a simpatia das pessoas que vivem ali; e ele se esforça, aliás, por suscitar essa simpatia: não somente eles respondem às suas questões, eles lhe dão explicações, eles o guiam em direção aos locais que quer ver, mas também eles o acolhem, abrigam e repartem com ele o que têm para comer, dando-lhe a melhor parte. Nessa fase do trabalho "sobre o terreno", o geógrafo se acha largamente dependente dos homens que habitam esse espaço. Mas é na qualidade de "objeto" de estudo que ele vai tratar esses homens, como esse espaço, sobretudo quando vai tomar consciência de todo esse concreto, de todas essas pessoas que ele conhece, em abstrações, em números, em cartas, em dados.

O geógrafo deve se tornar consciente de que esses dados, resultado de sua pesquisa, permitirão à administração, aos dirigentes dos bancos, o caso esporádico do exército... em síntese, ao poder, melhor controlar esses homens e essas mulheres que foram o objeto de suas investigações, melhor dominá-los, espoliá-los e, em certos casos, arrasá-los. Mas a tomada de consciência das responsabilidades é mais usualmente enganada pelo sentimento de satisfação – no fundo é uma sensação de poder – que dá a construção de um abstrato que apreende um espaço e as pessoas que ali vivem.

De fato, a simpatia, largamente compensada de volta, que lhes dedicou o geógrafo quando estava entre eles, é um abuso de confiança. Mas não se trata de ficar com sentimentos de dúvida ou de remorso, mas sim de ver como vencer essa contradição. Uma vez que a pesquisa do geógrafo leva à produção de um saber estratégico, uma vez que pode aí haver contradição (em maior ou menor lapso de tempo) entre os interesses da população que foi objeto das pesquisas e os de uma minoria que está em condições de utilizar, em proveito próprio, os resultados dessas pesquisas, é preciso encontrar o meio para que essa população disponha, também, desse saber estratégico, a fim de que possa melhor se organizar e se defender.

Numa primeira abordagem, esse projeto pode parecer perfeitamente utópico, e certas pessoas não deixarão de caçoar. Como uma "população" poderia, em conjunto, se interessar por conhecimentos científicos, quando nem mesmo poderia assimilá-los? Se se quer transmitir a essas pessoas um saber que lhes concerne especificamente, o que lhes ensinar que já não saibam melhor do que ninguém? De fato, é possível sustentar que esse projeto não é assim, tão utópico como possa parecer e que ele pode, sem dúvida, se realizar em numerosos casos; não se trata de tentar "experiências", nem tratar de conseguir aplicar uma ideia por algumas receitas de animação de grupo. O esboço desse projeto decorre da experiência adquirida por alguns num certo número de ações onde eles foram engajados, por razões diversas (pesquisa científica ou ação militante) sem ideia *a priori*.

Depararam-se por acaso (e não foi sem surpresa) com grupos de homens que, colocados em condições tão diferentes, como, por exemplo, as dos camponeses africanos e dos operários franceses, tivessem podido, cada qual utilmente, elaborar, em ações políticas, antes de tudo, qualquer que seja sua formulação, um saber resultante de uma pesquisa que lhes dizia respeito diretamente, e da qual eles haviam, de fato, participado estreitamente.

Pois, não se trata de proceder primeiro como se faz habitualmente à "extração" de um saber a partir de um grupo "objeto", submetido à *enquête*, observado, sondado, questionado em função de uma problemática que ele ignora e, em seguida, de os informar sobre os resultados obtidos por esses procedimentos clássicos da pesquisa, de comunicar a eles as informações que se podem "retirar" dos questionamentos pelos quais passaram. É sintomático que a maioria das expressões comumente utilizadas para falar das ações da pesquisa se aparentem ao vocabulário da extração mineira ou da *enquête* policial. No seu limite, e é apenas uma caricatura, não se trata de enviar ao chefe da aldeia, quando ele nem mesmo sabe ler, ou ao responsável sindical, a separata do artigo, ou o livro que se redigiu, ao voltar para casa.

Ainda que essa maneira de fazer – de acordo com o ritual das trocas entre universitários – seja já melhor do que nada, apesar de sua ingenuidade (pense-se que as pessoas leem esses escritos redigidos segundo os cânones do estilo científico) e sua ineficácia. Já é considerar um pouco as pessoas com as quais se viveu, como homens e mulheres reais, e não "objetos de conhecimento".

Como os textos geográficos (e também os que procedem das ciências sociais) seriam diferentes se o pesquisador devesse, antes de começar a redação final, ler o que produziu e explicá-lo diante das pessoas que vivem no espaço que ele estudou e que são, de um modo ou de outro, concernentes à sua pesquisa! Mas, na maioria das vezes, as pessoas que acolheram o geógrafo, que responderam às suas múltiplas questões, que o guiaram no terreno, que o ajudaram de várias formas, não saberão jamais o que dali retirou; em contrapartida, ele comunicará diretamente (ou não) todos os dados que obteve àqueles que os utilizarão para melhor elaborar as forças de que dispõe sobre o território que ele estudou; sobre os homens e as mulheres que ali vivem e dos quais a pesquisa revelou, expôs as características, em particular aquelas que revelam as maneiras pelas quais eles se organizam espacialmente. Não é somente metáfora dizer que, por esse fato, esse grupo que foi objeto de pesquisa está ainda mais exposto às formas de agir das forças econômicas e políticas que estão poderosamente organizadas sobre espaços bem mais consideráveis. Se bem que estejam às vezes longe, aqueles que dirigem essas forças dispõem sobre esse grupo, para agir sobre ele, de informações, mais eficientes do que o grupo tem de si próprio. Pois esse conhecimento implícito maquinal – as diversas maneiras pelas quais o grupo utiliza seu território – é ainda estreitamente confundido com práticas usuais comuns a todos os membros do grupo e circunscrito a um espaço mais ou menos limitado. A despeito de sua riqueza, enquanto ela não tenha sido transformada, esse saber espontâneo não pode lhes servir para compreender e enfrentar situações novas que resultam de empreendimentos dirigidos do exterior sobre espaços bem mais vastos, em função de objetivos ou de estratégias que são escondidos da maioria. Mas em boa parte é desse conhecimento, até então não formulado, não dissociado da vida cotidiana, que o geógrafo vai extrair, por sua *enquête*, em função de certa problemática, dados que, uma vez formulados, formalizados, cartografados se tornarão instrumentos eficazes para ações que serão empreendidas sobre esse grupo segundo estratégias e objetivos que ele ignora. Estando o geógrafo, consciente ou não, são essas estratégias e esses objetivos que orientam, em grande parte, a problemática que ele elabora e que o incita a se interessar por isto e não por aquilo.

É preciso que as pessoas saibam o porquê das pesquisas das quais são o objeto

Para que os homens e as mulheres que vivem num espaço que vai ser objeto, tal como eles próprios, de uma pesquisa geográfica, possam ter, também, conhecimento dos resultados que ela fornecerá, de nada serve proporcionar cursos, inoportunamente, para lhes ensinar o que eles são; é preciso que eles sejam postos ao corrente das razões pelas quais essa pesquisa foi encetada, do que vai, talvez, se passar no lugar onde moram, com a atenção voltada para o que se passa alhures, levando em consideração os projetos do poder. Uma das primeiras regras dessa deontologia do geógrafo sobre o terreno que seria preciso impor para que ele cesse de ser um espião e evitar que seja um canalha, mais ou menos inconsciente, seria que ele explicasse por que está ali, por que se interessa por isso e por aquilo, por determinada forma de terreno, ou determinada maneira de irrigar a terra etc., e as pessoas estarão, logo, extremamente interessadas pelo porquê dessas investigações, pois elas percebem, rapidamente, que isso lhes diz respeito, no mais alto grau. É preciso pouco tempo para que a análise geográfica lhes apareça, de fato, no seu papel estratégico. Evidentemente essa maneira de agir coloca problemas, pois o geógrafo vai aparecer como agente do poder. Mas o problema do poder não se coloca mais para ele no plano do caso de consciência após o término de sua pesquisa (quem irá utilizar seus resultados?). O problema está colocado desde o princípio e, em termos finalmente políticos, no bojo do grupo "objeto da pesquisa" que vai discuti-lo e se inteirar dos projetos do poder e das contradições que eles acarretam. O geógrafo, pelo fato de ter começado a expor suas finalidades, deverá se explicar e definir suas posições em face das contradições que arrisca provocar a execução dos projetos do poder.

Sem dúvida, ele está certo de que, uma vez revelados os fins de certas pesquisas ao grupo que deve ser o objeto delas, estas não poderão se efetivar e o geógrafo deverá partir. Em certos casos, resultantes de mal-entendidos, será evidentemente uma pena. Mas, na maioria das vezes, isso será tanto melhor e certos golpes maldosos não poderão mais acontecer assim tão facilmente. Se refletirmos bem sobre isso, é perfeitamente justo que um grupo recuse ser estudado e que se oponha a que se analise a maneira pela qual utiliza o espaço onde vive.

Em contrapartida, os resultados de uma pesquisa da qual um grupo decidiu participar, com conhecimento de causa, são de uma extrema riqueza, tanto do ponto de vista propriamente científico, como no plano cultural e político. Certo número de exemplos, tanto nas sociedades altamente industrializadas, como nas do Terceiro Mundo, prova que tudo isso não é utopia. Por causa mesmo do caráter eminentemente estratégico do raciocínio geográfico, desde que ele esteja ligado a uma prática, grupos relativamente pouco numerosos (de algumas centenas a alguns milhares de pessoas), conscientes de ocupar um espaço delimitado sobre o qual eles têm direitos, podem participar verdadeiramente de uma pesquisa sobre as formas de organização espacial de suas atividades e sobre as mudanças positivas e negativas que são suscetíveis de ali serem operadas, desde que eles hajam compreendido que o saber que dali retiram vai lhes permitir se organizar e se defender melhor. Esse saber resulta, em larga escala, da transformação da explicação, sob o efeito das questões do geógrafo, desse conhecimento coletivo da situação local, que até então não havia sido formulada. Mas o saber integra também as informações fornecidas pelo geógrafo sobre o que se passa alhures e sobre os fenômenos que não podem mais ser apreendidos senão levando em consideração espaços bem mais extensos.

Bem entendido, esse saber não passa ao grupo no seu conjunto, como também não é o grupo em sua totalidade que participa dessa pesquisa, mas uma parte dos seus membros, considerando-se suas estruturas e suas contradições; essas podem ser muito variadas e o geógrafo deve levá-las em consideração, por causa mesmo da própria diversidade dos grupos que ele pode ser levado a distinguir para uma análise em grande escala. É preciso, evidentemente, que cada "grupo" tenha uma relativa coerência e consciência da sua maior ou menor autonomia social e espacial, no seio de formações sociais mais amplas e espaços mais extensos.

Os problemas que coloca a pesquisa geográfica quanto à utilização dos seus resultados são bem diferentes quando ela aborda espaços bem mais vastos (regiões, Estados) e sobre efetivos muito numerosos para que o geógrafo possa apreendê-los de outra forma além da forma abstrata e estatística. Mas para essas pesquisas em escala pequena, cujos resultados são, também, estrategicamente muito importantes, o problema da responsabilidade dos geógrafos não deveria deixar, da mesma forma, de ser colocado; mas em termos coletivos, em razão da multiplicidade das pesquisas que emanam de um grande número de pesquisadores. A transmissão, em prol do que se convencionou chamar as "massas", de um saber, cuja função política é globalmente muito importante, não pode deixar de ser um processo a longo prazo; ele só pode se efetuar sob a influência daqueles que têm uma ação política se eles são levados a fazer prova de vigilância com respeito aos problemas espaciais e sob a influência de geógrafos do ensino secundário, na medida em que eles tomarem consciência da mistificação que reproduzem. O papel de uns e outros é fundamental. Trata-se de quebrar essa indiferença geral com respeito à geografia, considerada como discurso pedagógico maçante e inútil, de denunciar sua função ideológica mistificadora, de chamar à vigilância contra suas afirmações de evidência, de demonstrar, por mil exemplos, a importância do raciocínio geográfico na qualidade de saber estratégico. Mas chegar a isso parece ser uma sedução, quando os alunos nos liceus não querem mais ouvir falar de geografia e os militantes, que também suportam a geografia na escola, só encaram a análise marxista em termos históricos e não estão nada interessados na dimensão geográfica dos fenômenos políticos. No entanto, nem tudo está perdido. Bem ao contrário.

19
CRISE DA GEOGRAFIA DOS PROFESSORES

A crise da geografia dos professores indica, talvez, que o *écran* de fumaça começa a se dissipar e que a importância estratégica dos problemas espaciais está em vias de aparecer a um número maior de geógrafos. "A medida cheia", nos liceus e colégios, com respeito à geografia decorre, evidentemente, do mal-estar geral do ensino; mas porque a geografia é particularmente posta em causa? Trata-se de um fenômeno, acima de tudo, recente: no passado, essa disciplina suscitava um interesse seguro, apesar das práticas pedagógicas que parecem hoje surpreendentes. Depois ela provocou certo aborrecimento que se ampliou, embora os manuais de geografia sejam cada vez mais bem ilustrados e tomem mesmo a forma de revistas. Desde alguns anos, a rejeição se manifesta por atitudes que não tornam a vida divertida para os professores de geografia. Alguns vêm acusar a televisão, o cinema, de concorrência desleal, de "demagogia pedagógica" e de ser a causa de seus infortúnios. Será por que a mídia mostra as imagens de todos os países, de todas as paisagens de tal forma sedutoras que os alunos, entediados, não querem mais "fazer geografia" em classe? Mas é mesmo a geografia-espetáculo que é a causa principal das dificuldades dos professores de geografia no ensino secundário? Nunca, contudo, se compraram tantos "guias" e enciclopédias geográficas (sobretudo aquelas que aparecem sob forma de periódicos), embora essas obras de sucesso são sejam muito diferentes, na forma e no conteúdo, dos execrados manuais.

Bem mais do que a geografia-espetáculo, com o desenrolar de suas paisagens, é a atualidade que os jornais, o rádio, a televisão relatam, dia após dia, e a politização crescente dos jovens que são as causas principais dessa crise da geografia.

A atualidade é feita de uma sucessão de acontecimentos ocorridos nos quatro cantos do mundo e sua evocação obriga a recolocá-los nos países onde acabam de se produzir, mas também numa cadeia mais ou menos complexa de causalidades que é, de fato, um raciocínio geopolítico. Às vezes é até mesmo um acontecimento de geografia física que se torna fenômeno político: o tufão de Bengala, os tremores de terra do Peru, a seca no Sahel.

É justamente o interesse crescente – e não o desinteresse, para o que se passa no conjunto do mundo, que determina – em grande parte, as dificuldades dos professores de geografia. Sem dúvida, no caso da geografia, a relação pedagógica veio a ser transtornada, pois o mestre não tem mais, como outrora e como ainda acontece com outras disciplinas, o monopólio da informação. Antigamente o curso de geografia, mesmo com um discurso-catálogo que pareceria agora uma caricatura inventada por estudantes esquerdistas, suscitava interesse, porque ele era o único a trazer a informação; hoje, mestre e alunos recebem ao mesmo tempo, simultaneamente com as atualidades, uma massa de informações geográficas, caóticas. Geografia em pedaços, o ocasional, o espetacular, sem dúvida, mas geografia de qualquer forma. Por que em classe os alunos não querem mais ouvir falar de geografia? Por causa da repetição, do "já dito"? Seguramente, não.

A atualidade dos *mass media* é um discurso político impregnado de representações e de causalidades que, no fundo, são geográficas e estas são argumentos políticos. Contudo a geografia dos professores continua, como no passado, a expulsar a dimensão política. Ora, essa expulsão não é voluntária, ela vale tanto para o "prof. reac."* como para aqueles que ensinam e que são, além disso, militantes de extrema-esquerda. Enquanto o discurso histórico é

---

* N.T.: prof. reac. – abreviação de professor reacionário, no texto.

espontaneamente político (de direita... de esquerda...), na geografia, o mesmo professor elimina o político, e isso por razões que ele não percebe, pois elas são difíceis de atingir. Para aí chegar, seria preciso que ele pudesse colocar os problemas políticos em função das múltiplas configurações espaciais e nas diversas escalas da espacialidade diferencial. Mas a formação que ele recebeu na universidade, com os conceitos-obstáculos da geografia vidaliana, o impede e a falta de referência a uma prática qualquer, como ali incitam os programas de ensino, faz com que ele possa continuar a ignorar esse bloqueio. Quando ele quer falar política, ele não consegue fazê-lo sem romper com o discurso que ele mantém na qualidade de professor de geografia. Não melhor que o professor, os alunos e os estudantes não atinam por que o discurso geográfico escolar e universitário funciona como um procedimento de exclusão do mítico; assim, suas reações passam a ser mais confusas e mais hostis. É como se alguma coisa lhes tivesse sido roubada, mas eles não sabem o que é. Quanto mais eles se interessam pelos problemas políticos de nosso tempo, mais eles se sentem frustrados, pouco à vontade. Quanto aos professores, eles são profundamente infelizes e procuram fazer o menos possível de "geo" e passam para as ciências sociais ou para a ecologia, que têm o prestígio do discurso político.

Na "fac."**, entre os estudantes de história, ainda obrigados a fazer a "geo", os militantes manifestam sua hostilidade em termos políticos: "a geo, ciência reacionária!" Eles constatam que a maioria dos "mestres de geo" esquivam-se da política, mesmo os de "esquerda" (também chegam a duvidar da sinceridade de suas opiniões). Mas nem uns nem outros compreendem verdadeiramente por que, pois a análise da espacialidade diferencial não é coisa fácil. Apressam ou constatam a mistificação, mas não se veem ainda seus procedimentos.

Os primórdios de uma grande polêmica epistemológica

Esse questionamento, esse mau humor com relação à geografia não são somente o apanágio dos estudantes que são constrangidos a aprender a

---

** N.T.: fac. – abreviação de faculdade, no texto.

A geografia 173

geografia. Eles se manifestam também nas disciplinas universitárias onde se havia, até agora, mantido a geografia numa completa indiferença, frequentemente colorida de desdém. De alguns anos para cá, a indiferença dá lugar, cada vez com maior frequência, a uma agressividade despreziva. Esse estado de espírito se encontra principalmente nas disciplinas que estenderam e aplicaram suas preocupações específicas na consideração do espaço: entre os economistas, que se colocaram na economia espacial e na análise das "regiões"; entre os sociólogos que, no estudo do "espaço social" dilatam seus discursos a golpes de alegorias espaciais; entre os ecologistas, muito na moda desde há pouco, que se apoderaram das relações homem-natureza; entre os urbanistas que dissertam sobre espaços bem além das periferias, e entre certos historiadores que querem estudar a história imediata (sem preocupação com o "recuo histórico") e que se lançam, também eles, com a geo-história, no discurso sobre o espaço. Nunca se escreveu tanto a propósito do espaço. Ora, são particularmente aqueles que "exploram" diversas partes do domínio que os geógrafos acreditavam ser reservado (sem ter dedicado grande interesse a esses campos deixados, até agora, incultos) que se tornam os mais agressivos com respeito à geografia. Numa primeira abordagem, esse azedume poderia ser o efeito das lutas por influência (não seria mais do que para repartir os magros orçamentos universitários). Observando-se melhor, as coisas não são tão simples. A agressividade de desprezo de numerosos especialistas das ciências sociais se manifesta desde que seus discursos são objeto de observações por parte de geógrafos, sobretudo se elas procedem dos geógrafos que encetaram uma análise crítica de sua disciplina e de suas carências.

Porque, paradoxalmente, é frequentemente com a geografia, a mais "tradicional" que se conciliam melhor tantos discursos brilhantes que sociólogos, economistas, ecologistas fazem a propósito do espaço, pois eles se referem, sem perceber, às maneiras de ver (ou de não ver) que lhes foram inculcadas noutros tempos, no ensino secundário, e continuam a ser reimpostas pelas imagens da geografia-espetáculo, multiplicadas pela mídia. E é quando os geógrafos vêm colocar um certo número de problemas ligados à análise do espaço que a geografia, até agora tolerada, começa a ser recusada pelos especialistas de "ciências sociais", na qualidade de discurso pedagógico imbecil, como se ela só devesse ser imbecil.

Mas esse sentimento de mal-estar com respeito à geografia, sobretudo quando ela começa a sair da anestesia, são também, não devemos nos enganar, economistas, sociólogos de valor, marxistas ou muito influenciados pelo marxismo, que o mantêm. Sem dúvida, seu mau humor traduz, num primeiro momento, o despeito de ter de perceber que eles estavam enganados, que os raciocínios geográficos são menos elementares do que eles pensavam. Ela reflete também um sentimento de inquietação; inquietação de ter de perceber que os termos vagos, e quão inocentes na aparência, dos quais se dispõe para evocar a espacialidade dos fenômenos naturais, políticos, econômicos e sociais são elásticos e escorregadios, que eles fazem derrapar raciocínios os mais cuidadosos com o rigor conceitual; inquietação de ter de constatar que, apesar de tudo, e não somente por causa da influência dos *mass media*, é cada vez mais e mais às representações espaciais que se é obrigado a recorrer, mesmo se adivinhamos que elas são mistificadoras, para levar em consideração, hoje, práticas sociais das mais supérfluas, assim como fenômenos dos mais graves. É assim que nos referimos ao espaço para expressar o "subdesenvolvimento" (colocado em termos de países desenvolvidos/países subdesenvolvidos); o imperialismo é representado pela alegoria espacial do "centro" e da "periferia". A proliferação dos termos que fazem referência a espaços de todas as dimensões, à multiplicidade das imagens que os mostram com uma gama de conotações extremamente variadas, traduzem a falta de um conceito de espaço metodicamente construído e, ao mesmo tempo, sua necessidade. Tudo se passa como se as reflexões que deveriam levar à produção desse conceito de espaço tivessem sido bloqueadas, por força da gravidade do mecanismo político e ideológico, por uma recusa coletiva e inconsciente de refletir sobre isso. Polêmicas quanto à apropriação do espaço, Deus sabe se as houve e as há ainda, entre os Estados como entre os membros de diferentes classes, mas essas polêmicas não fizeram avançar a reflexão sobre o espaço. Talvez porque os diferentes pretendentes se referem, apesar do seu antagonismo, a uma mesma concepção do espaço, o que deixa completamente de lado o problema da espacialidade diferencial. É hoje somente que se começa a tomar consciência, mais ou menos claramente, de que esses múltiplos termos e imagens, cômodos, indispensáveis ou carregados de valor estético, que proliferam desde alguns decênios, formam um conjunto mistificador. É essa tomada de consciência que provoca semelhante crise da geografia.

Se uma geografia (a dos professores), após ter sido, durante muito tempo, negligenciada, é hoje rejeitada pelos alunos (suas motivações sendo, evidentemente, muito confusas) e se ela começa a ser posta em causa por especialistas de outras disciplinas (sem que eles ali vejam, ainda, muito claro), é que somente ela não parece mais capaz de dar uma descrição do mundo que satisfaça as nossas preocupações atuais, mas também porque se acaba de perceber, ainda muito confusamente, que ela é uma espécie de tela que impede de apreender, convenientemente, problemas graves em suas configurações espaciais e pressente-se agora que esta é uma característica primordial, por ser a mais estratégica.

Os *mass media*, quer reproduzam, incansavelmente, as imagens de uma geografia-espetáculo, quer difundam informações que procedem de todos os pontos do planeta, contribuem largamente para essa tomada de consciência. Essa impregnação da cultura social por imagens espaciais e elementos de um saber geográfico (o que é historicamente um fenômeno novo) resulta muito dos artifícios da moda e do espetáculo (aí compreendido na orquestração do tema natureza-poluição); mas ela traduz também a amplitude crescente da crise dialética global que se coloca, cada vez mais, em termos geográficos.

Para os geógrafos, essa crise da geografia, seu descrédito, parecem negativos; isso parece marcar o fim do seu papel; essa forma cega de denegrir é particularmente sensível e penosa para os que dentre eles ensinam a geografia nos colégios e liceus. E, no entanto, essa crise da geografia pode ter efeitos extremamente positivos e não somente para os geógrafos. De fato, ela anuncia a liquidação não da geografia, mas de uma geografia, de uma forma particularmente mistificadora de discurso a propósito do espaço, a ponto de aparecer como um saber perfeitamente inútil, onde nada há a compreender. Não é tanto porque esse discurso é sobretudo (mas não somente) o dos professores que ele é mistificador (tanto para eles próprios como para os que o escutam), mas por motivos que os ultrapassam de muito, e que interessam à sociedade como um todo, onde a reflexão sobre o espaço foi bloqueada, durante muito tempo. A crise da geografia dos professores indica que as coisas estão em vias de mudar, para eles e para todos.

20
SABER PENSAR O ESPAÇO PARA SABER NELE SE ORGANIZAR, PARA SABER ALI COMBATER

O desenvolvimento do processo de espacialidade diferencial, ligado às transformações econômicas, sociais, culturais e políticas, sobretudo depois do século XIX, se traduz pela proliferação de todas as espécies de representações espaciais, mais ou menos confusas, que têm ligações mais ou menos frágeis com diversas práticas, ou que são imagens impostas pelos *mass media*. A superposição dessas representações, no espírito das pessoas faz com que lhes seja cada vez mais e mais difícil de aí se encontrarem, enquanto isso é cada vez mais necessário, nem que seja só por causa da multiplicação dos fenômenos relacionais. É preciso, pois, dispor de um método para ali ver mais claro e de um instrumental de ideias para colocar ordem nas confusões da espacialidade diferencial.

Em primeiro lugar, para começar a sair do vazio e da confusão, podem-se considerar as múltiplas representações espaciais como tantos conjuntos (e subconjuntos) que possuem, cada qual, uma certa configuração espacial. Cada um desses conjuntos espaciais é constituído por elementos que guardam entre si, relações mais ou menos complexas.

O processo de espacialidade diferencial corresponde à necessidade de se referir a conjuntos cada vez mais numerosos (mais ou menos mal construídos) para poder se orientar, ir trabalhar, se deslocar, se distrair, conceber uma estratégia etc. Eles constituem um instrumental indispensável para pensar e para se expressar. Enquanto antigamente cada homem, vivendo em autossubsistência, podia conscientizar outro (e se fazer conscientizar) da maioria de suas práticas, referindo-se a um pequeníssimo número de conjuntos espaciais (para o essencial, o território de sua comunidade), hoje é preciso, para viver em sociedade, utilizar um grande número de conjuntos espaciais, mais ou menos bem construídos. Trata-se de um verdadeiro instrumental conceitual, que apresenta grandes diferenças de riqueza e de eficácia, segundo os meios sociais. É nas classes dirigentes que ele é o mais bem aquinhoado, o mais diversificado e o mais bem estruturado. Em contrapartida, é nas categorias sociais mais desfavorecidas que ele é o mais confuso e o menos diferenciado. Essas diferenças correspondem a grandes desigualdades de eficácia social. Há aqueles que sabem conceber sua ação sobre vastos espaços e que têm os meios, e há os "azarados"*, que, no sentido próprio, não sabem mais onde estão.

Esses diferentes instrumentais conceituais que servem para pensar o espaço e para apreender com maior ou menor clarividência a espacialidade diferencial, pode-se imaginar representá-la, cartografando ou esboçando, sobre uma série de folhas de papel transparente superpostas umas sobre as outras, os diversos conjuntos espaciais dos quais uma pessoa ou um grupo de pessoas tem mais ou menos a ideia, seja porque elas aí se referem a essa ou aquela prática, seja porque elas os imaginam sob a influência da mídia. Cada conjunto espacial que se acha necessário distinguir é representado sobre a folha transparente por seus contornos mais ou menos vagos (e o caso esporádico, por sua estrutura espacial interna, quando ele é caracterizado por um fenômeno de polarização). A superposição de todas as folhas, de todas essas configurações espaciais (com desenho de acréscimo, muitas vezes, bem impreciso), dá em transparência uma imagem bastante sugestiva do instrumental conceitual extremamente confuso da maioria das pessoas, para todas as formas de espacialidade que não correspondem à sua

---

* N.T.: A tradução que encontramos mais apropriada para uma gíria muito corrente na França – *paumé* –, que pode também significar aqueles que estão perdidos, sem rumo.

experiência concreta no quadro de espaços limitados. Confundem-se caoticamente representações espaciais que correspondem a territórios cujos tamanhos são extremamente desiguais. Assim se explica, em grande parte, essa miopia geral, esse comportamento de sonâmbulos canalizados pelos postes indicadores, teleguiados pela empresa das diferentes redes, e por todos os sinais que codificam, não somente a maneira de se deslocar, mas também as maneiras de abordar o espaço.

Mas é possível transformar, numa maior ou menor medida, essa superposição de representações confusas de espaços de tamanhos extremamente desiguais, num instrumental conceitual claramente estruturado, que permite apreender eficientemente a espacialidade diferencial. São em primeiro lugar as exigências da prática (pelas lições tiradas dos erros de percurso, por exemplo) que impõem a clarificação e a estruturação de um certo número de conjuntos espaciais. Quanto mais uma prática recai sobre distâncias consideráveis mais ela impõe àqueles a quem ela concerne diretamente (ao menos para as funções de responsabilidade) a classificação dos conjuntos espaciais que é preciso considerar, em função de diferentes níveis de análise e sua articulação uns com os outros: é o caso dos pilotos de avião, que devem combinar práticas de grande escala (na decolagem e na aterrissagem), em escala média (para os procedimentos de aproximação) e em escala pequeníssima (para o voo em altitude). Quanto mais a prática é global e atinge atividades muito diversificadas, mais ela deve se referir a um conhecimento o mais claro possível e o mais bem articulado possível, de um bem grande número de conjuntos espaciais; eles correspondem, cada um, à configuração espacial das múltiplas atividades que é preciso considerar. A prática política (isto é, o exercício do poder) é, por excelência, a que exige, desde há muito, a referência a uma espacialidade diferencial bem estruturada, que exige a delimitação, a mais precisa possível, dos conjuntos espaciais os mais variados. É por essas razões que, desde há séculos, as classes dirigentes fazem constituir cartas em diferentes escalas, para ter uma ideia precisa da complexidade dos territórios sobre os quais se exerce seu poder e aqueles sobre os quais poderia se projetar a articulação dos diferentes níveis de análise, efetuando-se empiricamente pela ação e a prática do poder.

Em contrapartida, para a maioria dos cidadãos, sendo que suas atividades se inscrevem em vários espaços dissociados (eles devem, portanto, se referir a uma multiplicidade de representações espaciais superpostas), um saber para ajudá-los a pensar o espaço se torna cada vez mais necessário, pois que eles não podem se guiar pela prática do poder.

Da mesma forma que foi preciso construir um saber teórico para compreender as estruturas do sistema capitalista, a partir do momento em que as crises devidas ao desenvolvimento de suas contradições começaram a perturbar seu desenvolvimento e, sobretudo, a partir do momento em que a classe operária teve necessidade de uma análise teórica para conduzir uma ação revolucionária,

– da mesma forma que foi preciso, apesar da oposição de uma parte das classes dirigentes, que um saber ler-escrever-contar seja difundido em camadas sociais cada vez mais amplas, por causa das lutas políticas e das exigências da técnica e da prática social,

– da mesma forma, vai ser preciso, sem dúvida, que se construa um saber teórico permitindo articular os problemas de envergadura planetária aos da vida local, passando pelo nível do Estado.

Será preciso que esse saber pensar o espaço como o saber ler cartas se difunda largamente, em razão das exigências da prática social, pois que os fenômenos relacionais (a curta e a longa distância) ocupam um lugar cada vez maior.

Contudo, é bem evidente que, para avançar nesse domínio, não se pode utilizar a "geografia dos professores", tal como ela é atualmente, amputada de toda prática e se recusando a qualquer reflexão epistemológica. É preciso uma outra geografia que seja uma teoria dos conjuntos espaciais e uma práxis da articulação dos diferentes níveis de análise.

Nesse domínio de reflexão, o conceito-obstáculo da "região" vidaliana exerceu, em cheio, seus efeitos de bloqueamento, e isso paralisou as pesquisas teóricas que teriam permitido perceber de maneira racional e eficaz as confusões da espacialidade diferencial. Não somente aquela não foi vista (pode-se evitar tanto melhor de vê-la abstendo-se de toda referência a uma prática qualquer), mas ela foi negada pela inculcação de uma representação do mundo, feita de uma série de compartimentos bem estanques, *soit-disant* dados pela natureza e a história, por Deus, uma vez por todas e nitidamente separados uns dos outros: as regiões, cada uma designada por um nome próprio para melhor acreditar em sua "individualidade".

Se se quer ajudar as pessoas a sair do desânimo que elas sentem na superposição da espacialidade diferencial, de seu desnudamento desde que se trata de se orientar ou de raciocinar sobre um problema espacial, mesmo elementar, é uma outra representação do mundo que se deve construir e difundir. A representação de um espaço compartimentado, um pouco assim como uma série de caixas, formada das regiões colocadas sobre um mesmo plano, umas ao lado das outras, ideia que dá a geografia vidaliana, deve ser combatida. É preciso, para começar a fazer compreender a espacialidade diferencial, imaginar o que daria a superposição de um grande número de quebra-cabeças de tamanho desigual, recortados bem diferentemente uns dos outros, em folhas transparentes. A cada quebra-cabeça corresponde uma série de conjuntos espaciais cujo recorte é diferente daquele de outras séries. As diferenças de tamanho entre os quebra-cabeças correspondem aos diferentes níveis de análise.

É preciso fazer com que as pessoas compreendam que, quando elas estão num lugar, elas não estão num único compartimento, numa única "região". Esse local diz respeito a um grande número de conjuntos espaciais muito diferentes uns dos outros, tanto do ponto de vista qualitativo como por sua configuração (assim se está ao mesmo tempo numa determinada comuna de um determinado departamento, na área de influência de Marselha, numa região de colinas, próxima do vale do Ródano, na zona de clima mediterrâneo, no espaço irrigado pelo canal do Baixo-Ródano- Languedoc etc.). Essas considerações podem parecer bastante distanciadas das necessidades da prática. De forma alguma! Esse procedimento pedagógico dos quebra-cabeças superpostos pode parecer bem ingênuo, bem simplista, mas é a introdução a um problema estratégico fundamental: se num dado lugar não se está num só compartimento mas se ele diz respeito a um grande número de conjuntos espaciais, é preciso estar atento a cada um deles e saber que estamos inscritos em configurações espaciais muito diferentes, a respeito das quais é preciso fazer prova de vigilância. Apreender a espacialidade diferencial e procurar estruturá-la é dever substituir uma representação do mundo, feita de dados e de demarcações evidentes, por uma representação do mundo "construída" pela combinação de conjuntos espaciais que se montam intelectualmente e que são outras tantas ferramentas diferenciadas para apreender, progressivamente, as múltiplas formas da "realidade". Não se trata mais de "ler simplesmente no grande livro aberto da natureza, mas é preciso manipular todo um instrumental conceitual (mais ou menos eficaz ou defeituoso) para que se revelem, pouco a pouco, realidades que não aparecem "a olho nu".

É preciso que as pessoas estejam mais bem armadas, tanto para organizar seu deslocamento, como para expressar sua opinião em matéria de organização espacial. É preciso que elas sejam capazes de perceber e de analisar suficientemente rápido as estratégias daqueles que estão no poder, tanto no plano nacional, como no internacional.

É preciso, enfim, que elas estejam em condições de compreender as formas tão diferentes segundo os lugares que apresenta a crise dialética global, no seu desenvolvimento histórico e sua diferenciação espacial, em nível planetário, nacional ou regional.

Evidentemente, mesmo com um aprendizado da geografia, transformada por essa preocupação da prática e da teoria, os cidadãos não acederão, por eles próprios, imediatamente às reflexões espaciais mais complexas, aquelas que dizem respeito aos problemas políticos colocados na escala planetária, por força da multiplicidade dos conjuntos espaciais, que é preciso levar em consideração. No entanto, esses problemas planetários desempenham um papel cada vez maior e mais rápido na evolução das situações nacionais, regionais e mesmo locais. Os cidadãos mais politizados, os militantes, devem fazer uma análise espacial da crise em diferentes escalas, para ajudar na tomada de consciência coletiva dos problemas.

Para ajudar os cidadãos ali onde eles vivem a tomar consciência das causas fundamentais que determinam o agravamento das contradições que eles sofrem diretamente é preciso, primeiro, fazer a análise em termos concretos e precisos dessas contradições tais como elas se manifestam localmente, sobre os locais de trabalho e da vida cotidiana, sem esquecer as condições ecológicas, que são, frequentemente, um fator de agravamento. Em seguida, é possível mostrar com precisão que essas contradições locais, que podem ser completamente excepcionais, decorrem de uma situação "regional" de conjuntos espaciais mais vastos que se caracterizam por contradições, as quais convém levar em consideração em termos mais abstratos e mais gerais. É então possível passar à análise nacional e internacional, onde as contradições devem ser expressas num nível cada vez mais avançado de abstração, continuando a ficar solidariamente articuladas à análise das contradições local e regionalmente, âmbitos dos quais as pessoas têm, ao menos em parte, a experiência concreta.

O mundo é bem mais complicado do que se quer acreditar

Entre 1976, data na qual foi escrito este livro, e 1985, data da terceira edição, houve importantes mudanças na França e no mundo, que obrigaram a se compreender que as coisas são bem mais complicadas do que se quis, frequentemente, acreditar.

No capítulo "Por uma geografia da crise" eu evocava, em traços rápidos, em 1976 um certo número de sintomas muito gerais dessa crise; ela podia então ser principalmente atribuída ao desenvolvimento de contradições econômicas, sociais, demográficas, ecológicas, políticas, culturais, sob o efeito de um crescimento econômico que durava cerca de 30 anos. A crise iraniana, acelerada pelo enorme aumento dos lucros petrolíferos desde 1973, foi um dos exemplos, dos mais espetaculares, um dos últimos também. Hoje, o marasmo econômico se tornou quase geral, e o sintoma mais evidente da crise (que não é mais de crescimento) é o enorme aumento do número de desempregados nos países industriais capitalistas (salvo no Japão e nos Estados Unidos, desde algum tempo). Mas quando se acreditava que os Estados comunistas estavam, mercê de suas estruturas, ao abrigo de tais vicissitudes – parece que conhecem gravíssimas dificuldades econômicas e que eles não estão ao abrigo do desemprego. É verdade que seus dirigentes teceram relações estreitas com as multinacionais capitalistas, o que acarreta contradições que não se acreditava possíveis.

As questões geopolíticas aparecem mais importantes do que nunca, agora que os discursos marxistas economicistas se revelam incapazes de dar conta da situação mundial. Eles afirmavam que a supressão da propriedade privada dos meios de produção é a transformação primordial das sociedades, mas eles ficam sem voz diante das agitações das minorias privilegiadas dos Estados comunistas, como diante do conflito entre a China, o Camboja e o Vietnã, da mesma forma como permaneceram, mudos quanto às causas profundas do antagonismo entre URSS e a China, e sobre as razões da aliança, entre esta última e os Estados Unidos. Da mesma forma que os discursos marxistas foram incapazes de explicar os massacres perpetrados no Camboja pelos *khmers* vermelhos sobre seus próprios concidadãos, notadamente sobre aqueles que haviam combatido o imperialismo americano. Os princípios ideológicos, mormente o famoso "internacionalismo proletário" aparecem bem menos importantes do que o desejo de hegemonia e a vontade de controlar posições estratégicas.

Em 1976, estava-se ainda na fase de "coexistência pacífica" entre as duas superpotências; isso não impedia a corrida aos armamentos, mas ela não tinha sido afetada pela saída (1975) da guerra do Vietnã, onde o exército americano não tinha podido vencer, nem conter, o avanço norte-vietnamita, sustentado então por todos os Estados do "campo socialista". Depois, os conflitos armados se multiplicaram na Ásia, na África, na América Latina, e as tensões entre as duas superpotências se agudizaram consideravelmente. Na Indochina, a guerra recomeçou, aberta ou dissimulada, mas, desta vez, entre chineses e vietnamitas. Se em 1976 podia-se evocar o Afeganistão como lugar de turismo na moda, esse país conheceu, depois de dezembro 1979, uma invasão de "turistas" soviéticos que assim avançaram sobre o Golfo Pérsico, perto do qual iraquianos e iranianos, sunitas contra xiitas, se atacam numa sangrenta guerra de desgaste. Uma nova explosão se prepara no Próximo Oriente, onde o Líbano se tornou o lugar de confronto de todas as subversões.

Na América Latina, a República de El Salvador é o "ponto quente", o mais espetacular, e não somente por causa dos riscos de intervenção americana em Cuba e na Nicarágua. Mas não se podem esquecer as atrocidades perpetradas cotidianamente na Guatemala e as operações antiguerrilhas na Colômbia, nem que os soviéticos comercializaram hipocritamente com a junta dos torturadores argentinos e que Pequim sustenta oficialmente Pinochet. Na África, a URSS coopera com Kadafi nas suas empresas de expansão do integralismo islâmico no Tchad ou alhures, e ela ajuda o governo progressista etíope a acabar de massacrar os progressistas da Eritreia. Há também o complexo conflito do Saara Ocidental e os da África Austral, onde os partidários do "apartheid" incitam etnias rivais desde há muito, a novos conflitos.

E a Europa? Durante 25 anos, em virtude da "coexistência pacífica", ela ficou afastada dos confrontos entre superpotências, que operavam sobretudo no Terceiro Mundo. Hoje, parece que ela voltou a ser um dos teatros mais importantes da nova guerra fria, como o comprova o aumento do número de mísseis soviéticos dirigidos para a Europa Ocidental. Para dissuadir o exército americano de instalar um número equivalente de foguetes dirigidos para o Leste, grandes manifestações pacifistas se realizaram em 1981, sobretudo na Alemanha do Oeste, mas houve também grandes manifestações em dezembro de 1981 para protestar contra o golpe de Estado militar na Polônia, que abafou o grande movimento do sindicato Solidariedade. Eles atestavam a falência econômica e política do regime comunista, apesar da ajuda financeira maciça dos bancos ocidentais. Mas não se trata somente da Polônia: a situação econômica não é brilhante na Tchecoslováquia e ela é catastrófica na Romênia, onde a direção do partido comunista se tornou uma empresa familiar.

Na URSS, aquilo que não diz respeito diretamente à polícia e ao exército aparece cada vez mais entravado por diferentes fatores de ineficácia, e o maior Estado comunista deve fazer cada vez mais e mais apelos aos capitais ocidentais, à tecnologia das multinacionais; as entregas de cereais americanos são um paliativo para o marasmo constrangedor da agricultura, enquanto se perpetua o sistema do "gulag". Na China, que foi apresentada como uma outra via de desenvolvimento socialista, reconhecem-se, após a morte de Mao, as calamidades provocadas por um decênio de "Revolução Cultural" e o governo faz, também ele, apelo às firmas capitalistas e aos cereais americanos para tentar reparar e estrago deixado pelas lutas ideológicas. A agricultura foi descoletivizada. Todas essas constatações, todos esses conhecimentos, todas essas mudanças, a levar em consideração fenômenos antigos ocultados durante um longo tempo pelas tradições pressupostas laudatórias da esquerda em prol do "sistema socialista" (tais como: este asseguraria uma gestão mais racional da economia e uma solução mais fácil das contradições), obrigam a se colocar problemas novos. Sua análise emana, bem entendido, do que se chamam de ciências sociais, e ela interessa também aos geógrafos, que devem notadamente contribuir para denunciar a função mistificadora da palavra "país", tão utilizada em todos os discursos políticos para escamotear as contradições no bojo de cada formação social.

Na França também muitas coisas mudaram após a redação deste livro: a crise chegou e, com ela, o enorme aumento do desemprego. A eleição de François Mitterrand para a presidência da República e a vitória eleitoral do partido socialista foram, evidentemente, mudanças de grande importância e elas colocam, notadamente, problemas geopolíticos novos. Com efeito, estes não se colocam somente entre os Estados, mas também no quadro de cada um deles. As mudanças institucionais que devem dar uma nova abertura à política de "regionalização" colocam, mais do que nunca, o problema da região (cap. VI) e a ideia vital da geografia vidaliana: a das regiões concebidas como individualidades evidentes, ou como personalidades indiscutíveis, arrisca conduzir, se não se tomar cuidado, a perigosos embaraços e permitir a certas pessoas colocar em causa a unidade nacional. Aliás, não é porque a esquerda controla presentemente uma certa parte dos poderes políticos que não há mais contradições entre os projetos elaborados no âmbito do Estado e no âmbito local, as condições de vida dos diferentes grupos de cidadãos.

Tem-se um exemplo particularmente chocante com o problema da localização das centrais nucleares. Parece que elas são necessárias, em nível nacional, para fazer face às necessidades energéticas, dependendo-se menos das importações, sob controle das multinacionais. Mas em volta dos sítios escolhidos para a implantação dessas centrais, a inquietação é grande, e aqueles que se manifestam para reclamar a parada desses canteiros que transtornam as condições locais, reclamam uma mudança global da sociedade, o que não é possível, mesmo a meio-termo. Para esclarecer tais debates e torná-los mais positivos, é necessário distinguir diferentes níveis de análise espacial. Os geógrafos devem ajudar o conjunto dos cidadãos a saber pensar melhor o espaço.

É preciso ultrapassar a crise da geografia

A corporação dos geógrafos parece se engajar nesta via? Numa primeira abordagem, isso não parece! Contudo, é incontestável que as coisas se mexem em geografia, sob o efeito de diversas tendências, e a revista *Hérodote* contribui para isso, em grande parte. Inúmeros geógrafos reconhecem que sua disciplina está em crise e se inquietam com seu desmantelamento ou com seu desaparecimento. Os economistas, os sociólogos não se pretendem especialistas da análise do espaço social? Além do mais, a ecologia, nova disciplina da moda, lançou-se também no estudo das relações entre as atividades humanas e a natureza, domínio que os geógrafos acreditavam ser o seu, por excelência. Enfim, para o grande público, a palavra geografia evoca, cada vez mais, maçantes obrigações escolares e inúmeros historiadores, muito influentes na mídia, conservam um ferrenho rancor dos cortes geológicos, aos quais eles tiveram de se submeter, para obter a licenciatura ou para a preparação da *agrégation*. Também os geógrafos se sentem ultrapassados, frustrados, despossuídos, denegridos. Certos deles se perguntam o que são, para que eles servem e se percebe que não é suficiente "fazer a geografia", mas que é preciso, talvez, colocar – enfim – as questões: "O que é a geografia? Para que serve ela? Para que pode ela servir?". As primeiras respostas foram tranquilas e ingênuas, mas se constatou que não eram suficientes e que elas faziam sorrir todos aqueles que "conversam espaço" com mais brio que os geógrafos. Alguns deles, imitando os anglo-saxões, se lançaram então na formulação matemática para provar que eles são verdadeiramente "científicos"; é, dizem eles, "a nova geografia", mas, para eles, os problemas de fundo não foram elucidados com isso, e o mal-estar dos geógrafos não se atenua; pelo contrário, pois eles percebem bem que, sobre essa via, os matemáticos não têm qualquer necessidade deles. Ora, há uma solução para essa crise e, para o conjunto dos cidadãos, é necessário que o raciocínio geográfico, o saber pensar o espaço se desenvolva e saia do impasse no qual se meteu a corporação universitária consentindo, sob pretexto de cientificidade, uma redução considerável de sua razão de ser e de seu papel social. Trata-se, em larga escala, de retomar a obra de Elisée Reclus, que os geógrafos franceses esqueceram já há três quartos de século.

Sua obra – da qual os geógrafos franceses deveriam ter muito orgulho – dá a prova de que a consideração dos problemas políticos não conduz, necessariamente, ao esclarecimento, ao exclusivo proveito de um poder, que ela alarga de forma decisiva a representação do mundo dos geógrafos, que ela lhes permite ali ver mais claro e de melhor compreender para que eles servem, mas também para que eles podem servir. Se ele dedicou um lugar importante aos problemas políticos, Reclus não o quis fazer por isso – e não o fez – uma geopolítica, nem uma geografia política, nem mesmo a "geografia social", que ele evoca uma vez ou outra, mas uma geografia global. Sua concepção da geograficidade integra não somente os fenômenos econômicos, sociais, culturais, políticos e militares, mas também os diferentes fenômenos "físicos" e ecológicos, o conjunto tomado em função das transformações do mundo, as evoluções lentas e as mudanças rápidas.

Porque ele tem horror da injustiça e da opressão, porque ele deseja um mundo mais justo e porque ele pensa que a geografia é um instrumento eficaz para compreender o mundo, Reclus se esforça, na qualidade de geógrafo, em analisar as estruturas dos Estados, a rivalidade de seus exércitos, mas também as atitudes de suas polícias – por meio de um grande número de cartas. Mas Reclus mostra também que não existe ali senão o Estado e seus aparelhos e que não se pode passar em silêncio as lutas que travam os povos dominados e as formas de opressão que os pobres exercem sobre aqueles que eles podem explorar, em particular, as mulheres e as crianças.

Na evolução da geografia, a obra de Reclus e, em especial, *O homem e a terra*[1]** marca uma virada decisiva; antes dele, essa geografia que eu chamo fundamental estava essencialmente ligada aos aparelhos de Estado, na qualidade de instrumento de poder, mas também na qualidade de representação ideológica propagandista. Não somente Reclus desenvolveu a eficácia desse instrumento, ampliando a concepção de geograficidade,

---

1. Elisée Reclus, *L'Homme et la Terre*, textos escolhidos apresentados por Béatrice Giblin, La Découverte/Maspero, Paris, 1982.
** N.T.: No Brasil, foi lançada uma obra de textos escolhidos de Elisée Reclus, sob a coordenação do professor Manuel Correia de Andrade: *Elisée Reclus*. Coleção Grandes Cientistas Sociais, Editora Ática, São Paulo, 1985, 200 páginas.

levando em consideração fenômenos negligenciados até então, insistindo, notadamente, sobre as contradições do progresso mas, sobretudo, ele voltou esse instrumento contra os opressores e as classes dominantes; fazendo isso, ele fez progredir o raciocínio geográfico, na qualidade de método de análise objetiva, científica, de uma larga margem da realidade. Foi há 80 anos: seria tempo de os geógrafos o levarem em consideração hoje.

21
OS GEÓGRAFOS, A AÇÃO E O POLÍTICO*

Em agosto de 1984 teve lugar em Paris o XXV Congresso da União Geográfica Internacional, organização que reúne, a cada quatro anos, delegações vindas do mundo inteiro. Para os geógrafos franceses é um acontecimento, pois que um congresso da UGI não se realizava em Paris há 53 anos! Pode-se pensar que tais assembleias são bastante acadêmicas. Mas não é inútil que os representantes dos diferentes comitês nacionais de geografia se encontrem.

De fato, segundo os países, as concepções que se tem da geografia são muito desiguais, da mesma forma que as condições culturais e políticas nas quais os geógrafos exercem sua profissão. Assim os geógrafos soviéticos, por exemplo, se preocupam principalmente com aquilo que se chama "a geografia física" e sua geografia está próxima das ciências naturais. Em contraposição, os geógrafos norte-americanos se interessam sobretudo pelos fenômenos que sobressaem da "geografia humana" e eles consideram que a geografia é uma ciência social.

---
* Editorial do n. 33-34 da *Hérodote*, abril-setembro 1984.

Uma das características da escola geográfica francesa, que é, aliás, uma das mais antigas, é de procurar levar em consideração tanto os fenômenos "físicos" como "humanos". Uma tal atitude, se sobre ela refletirmos, não deixa de colocar difíceis problemas epistemológicos, por força das grandes diferenças de métodos e de pontos de vista que existem entre as ciências naturais e as ciências sociais. Também, desde cerca de 20 anos, os geógrafos franceses se interrogam sobre a validade de sua concepção da geografia e eles se questionam se esta é, de fato, uma ciência.

A originalidade da revista *Hérodote*, nesse debate, foi de mudar o primeiro aproche do problema: em lugar de continuar a se perguntar se a geografia é uma ciência ou em quais condições a geografia poderia ser, de fato, uma ciência, *Hérodote* colocou uma questão aparentemente inocente, mas na verdade primordial: para que serve a geografia? Isto é, quais são e quais podem ser as funções dos geógrafos no bojo da sociedade?

Essa questão chocou numerosos geógrafos, pois, da forma que foi colocada, há oito anos, ela ia bem mais longe que as discussões sobre geografia "aplicada" ou a geografia "ativa". *Hérodote* destacou, de fato, problemas epistemológicos e políticos fundamentais, bastante distanciados das preocupações científicas habituais e mostrou que os problemas da geografia não concernem somente aos geógrafos e aos especialistas das diversas disciplinas, mas também aos homens de Estado e a um grande número de cidadãos, ao menos aqueles que colocam questões sobre o estado do mundo e a organização de seus países, como sobre o que se passa na região em que eles vivem e nos locais onde eles trabalham e onde habitam.

Durante esses últimos anos, as posições de *Hérodote* foram atacadas tanto da "direita" como da "esquerda"; isso não impediu, aliás, que ela se tornasse uma das mais importantes revistas francesas de geografia, pelo volume de sua tiragem. Nós não retomaremos aqui polêmicas que estão, aliás, na maior parte, ultrapassadas; aqueles que pensavam que *Heródote* não passava de uma revista "crítica", visando sobretudo a dar má consciência aos geógrafos, vão, progressivamente, percebendo os verdadeiros objetivos da mesma: lembrar e demonstrar que a geografia é, para todas as sociedades, um saber fundamental.

Mas não se trata de falar da geografia como se se tratasse de uma entidade ou mesmo de uma espécie de divindade dotada de sabedoria e de poderes, à maneira desses historiadores, aí compreendidos os campeões do "materialismo histórico", que invocam a história, suas "leis" e seus "julgamentos". Em nossa concepção trata-se sobretudo dos geógrafos, pois não é suficiente se interrogar sobre as características da geografia em face de diversas ciências. O que importa é se preocupar hoje com o papel que podem ter os geógrafos, neste fim do século XX, em que o rápido agravamento de enormes problemas exige ações de grande envergadura que sejam conduzidas com mais eficiência e que os políticos tenham mais consciência da extrema diversidade das situações geográficas. Daí o título desse número da *Hérodote*, "Os geógrafos, a ação e o político". Cada um desses três termos exige explicações e necessita reflexões e, é lógico, começar pelo primeiro.

Os geógrafos...

Não é o cuidado com uma nuança de estilo que nos incita a fazer a distinção entre a geografia e os geógrafos, mas porque é preciso perceber que se geografia é uma palavra muito forte (não se trata do mundo?), é também uma palavra muito ambígua. Se refletirmos bem sobre isso, parece que seu significado é triplo e que seus três sentidos, dificilmente dissociados são, cada qual, muito complexos. De fato, geografia designa tudo ao mesmo tempo:

- de um lado, realidades extremamente diversas, cada uma se estendendo, mais ou menos amplamente, na superfície do globo; elas dizem respeito a categorias científicas muito diferentes, mas têm a característica comum de serem cartografáveis, quer dizer, de serem suficientemente diferenciadas espacialmente e de não serem muito pequenas: a dimensão mínima sendo, *grosso modo*, da ordem do metro;

- de outro lado, representações mais ou menos parciais dessas realidades; as cartas são as representações geográficas por excelência, mas não é possível considerar que elas são o reflexo, o espelho ou a fotografia da realidade[1]. As cartas procedem de um certo número de escolhas no seio da realidade e mais ainda, as descrições que os geógrafos fazem desta ou daquela porção do espaço terrestre;

- enfim a palavra geografia designa, sem nomeá-los, os geógrafos sobretudo nas considerações de caráter mais ou menos epistemológicos tais como a "geografia estuda... a geografia analisa... a geografia deve levar em consideração". Mas porque eles falam tão raramente de si mesmos, esses geógrafos? Por que deixam acreditar que eles se limitam a constatar as realidades "geográficas"? Por que os geógrafos se dissimulam atrás da geografia? E, primeiramente, quem são esses geógrafos? Uma corporação particular no seio da comunidade científica? Os professores de geografia? Aqueles que fazem geografia? (fórmula estranha)? Aqueles para os quais a geografia é uma profissão? Mas o que é essa profissão de geógrafo?

Durante séculos os geógrafos foram aqueles que construíram as representações do mundo, aqueles que estabeleceram cartas. Desde o fim do século XIX, não é mais o caso; a divisão do trabalho científico autonomiza o papel dos cartógrafos e sobretudo, desde alguns decênios, os progressos da fotografia aérea, mais recentemente ainda, os da teledetecção acoplados

---

1. Cada qual sabe bem que uma carta não é o território, mas sua representação, construída a uma certa escala de redução. Acima de tudo, a carta não é, evidentemente, a representação da totalidade do real, de tudo aquilo que se poderia recensear, inventariar sobre uma porção de território. Aquilo que figura sobre uma carta é o resultado de uma série de escolhas, mais ou menos conscientes, de um lado, em função das possibilidades gráficas, estas sendo, em grande parte, determinadas pela escala; de outro lado, em função de certas preocupações particulares que fazem com que se representem somente certas categorias de fenômenos (donde cartas geológicas, cartas climáticas, cartas demográficas etc.). Toda carta é, enfim, um documento datado: não somente porque o mundo muda e os fenômenos se transformam a um ritmo mais ou menos rápido, progressiva ou bruscamente, mas também porque uma carta resulta de técnicas e de preocupações de uma certa época.

aos dos computadores permitem levantar muito rapidamente as cartas dos mais diversos fenômenos e mesmo de sua evolução em tempo real; esses mesmos computadores tratam de igual forma os resultados dos recenseamentos e *enquêtes*, os quais são processados para os aparelhos de Estado e suas administrações. Seria no momento em que as representações geográficas atingem um extraordinário grau de precisão e de rapidez pelo desenvolvimento dos procedimentos de cartografia automática que deveriam desaparecer os geógrafos? Estamos caminhando para uma geografia sem geógrafo?

Divisão do trabalho científico e razão de ser dos geógrafos

Numerosos são os especialistas das mais diversas ciências que se perguntam: para que servem os geógrafos que parecem somente enumerar, compilar rudimentos, de uma só vez, de geologia e de demografia, de climatologia e de sociologia? Na comunidade científica chega-se a pensar que os geógrafos estão condenados, pelos desenvolvimentos da técnica e pelo progresso da divisão do trabalho de pesquisa. Estima-se que a soma dos resultados obtidos pelas diversas ciências, levando cada uma em consideração um setor preciso da realidade e que, elas também estabelecem cartas (as do geólogo, do pedólogo, do climatólogo, do demógrafo etc.), substituiria, com vantagem, o discurso dos geógrafos.

O papel dos geógrafos universitários se reduziria portanto a contribuir para a formação dos professores do ensino secundário, ao menos nos países em que, como é o caso na França, ensina-se a geografia (fórmula um tanto ambígua, ela também) nos colégios e nos liceus? Na França, aliás, a opinião considera a geografia essencialmente como uma disciplina escolar, cuja utilidade não é muito evidente. Os geógrafos recusam essa redução de seu papel e se queixam, frequentemente, que ele não é reconhecido no seu real valor, pela comunidade científica. Mas esta, que só tem uma ideia muito sumária da geografia (feita de lembranças mais ou menos enfadonhas do ensino secundário), estima, no fundo, que eles não fazem nada mais do que constatar e comentar evidências. Essa apreciação pejorativa do papel dos geógrafos não é a consequência de sua própria discrição e do uso alegórico que eles próprios fazem da palavra geografia, confundindo sob o mesmo termo o mundo, suas representações, aqueles que as constroem e aqueles que as comentam? O discurso ganha em amplitude, mas ele escamoteia o papel dos geógrafos.

Uma vez que eles não constroem mais cartas, pois elas proliferam, produzidas como o são, daqui por diante, pelos computadores, uma vez que inúmeras disciplinas recorrem também às cartas, é preciso colocar a questão: qual é, qual pode ser a verdadeira função do geógrafo hoje?

O papel dos geógrafos não se limitava outrora a estabelecer cartas, ele não se limita hoje ao seu comentário e, sobretudo, eles não se referem a uma só carta, mas sempre a várias. É dessa maneira que eles constroem raciocínios geográficos, não somente comparando umas com as outras as representações cartográficas próprias a diversas categorias de fenômenos, mas também combinando cartas estabelecidas em diferentes escalas, desde aquelas que mostram o conjunto do globo até aquelas que configuram uma porção reduzida de território. Esses raciocínios, que podem se referir a problemáticas e a preocupações muito diversas, são mais ou menos complexos e não se reduzem à adição dos conhecimentos produzidos pelas diversas ciências ou atividades que utilizam; eles trazem um suplemento de conhecimento que é, frequentemente, bastante importante e algumas vezes decisivo para a compreensão de situações particularmente complicadas.

Os verdadeiros raciocínios geográficos são bem mais difíceis do que se pensa habitualmente na comunidade científica e eles exigem, para serem desenvolvidos, verdadeiros especialistas da análise espacial. Está aí o que devem ser hoje os geógrafos e sua função social e científica, saber pensar o espaço terrestre, é, nós o veremos, sem dúvida, ainda mais necessária hoje do que outrora. O papel do geógrafo é o de tomar conhecimento da superposição espacial de diferentes categorias de fenômenos e de movimentos de pesos diversos, sobre territórios de desigual amplitude, de forma que os empreendimentos humanos possam ali ser conduzidos ou organizados mais eficientemente.

Contudo, hoje, bom número de geógrafos não está consciente dessa função social, que é, no entanto, sua razão de ser. Com efeito, no bojo de cada uma das diversas "escolas geográficas" ou de cada uma das corporações que formam os geógrafos nos diferentes países, houve também, desde alguns decênios, uma acentuação da divisão do trabalho científico. Isso se tornou possível pelo aumento do número de geógrafos e se tornou necessário pelos progressos das diversas ciências com as quais eles estão em contato. Os geomorfólogos, por exemplo, têm que fazer grandes esforços para seguir os progressos da geologia e da pedologia, e os geógrafos humanos têm dificuldade de se manter a par de todos os desenvolvimentos das ciências sociais. Também, uns e outros estão hoje menos conscientes do que eles têm em comum, e as declarações dos geógrafos franceses quanto à "unidade da geografia", conjuntamente "física" e "humana" aparecem, a muitos deles, como uma espécie de ideal cada vez menos realizável. Contudo, essa ideia diretriz pode conservar todo o seu sentido e sua eficácia para o conjunto da corporação, com a condição de que esta esteja consciente de sua razão de existir, no seio da comunidade científica e no seio da sociedade. Mas atualmente não é geralmente o caso, e por causa disso, a maior parte dos geógrafos que desenvolve, cada qual, pesquisas cada vez mais precisas e especializadas, não se sente individualmente muito à vontade na sua relação com outras disciplinas, porque eles não estão muito persuadidos das especificidades da profissão de geógrafo. É preciso dar de novo ao geógrafo o orgulho de sua tarefa. É também o interesse da nação da qual eles fazem parte.

As transformações de uma antiquíssima profissão científica

Os geógrafos devem refletir sobre sua profissão, sobre seu papel individual e coletivo no seio da sociedade. Para tanto, não é suficiente examinar as dificuldades epistemológicas do presente: é preciso compreender como e por que elas foram, pouco a pouco, aparecendo na geografia, enquanto todas as demais disciplinas conhecem um progresso brilhante.

Os geógrafos de hoje que refletem sobre esses problemas (eles são, na verdade, bem pouco numerosos) se contentam, geralmente, em retraçar a evolução do que eles chamam a "geografia científica", a única que apresenta interesse aos seus olhos: eles recenseiam, portanto, os progressos que ela registrou desde a metade ou o fim do século XIX, isto é, a época a partir da qual o ensino de geografia começou a ser dispensado nas universidades de um certo número de países. Mas essa láurea não explica em nada as dificuldades atuais que conhecem os geógrafos. Não lhes serve de nada se queixar da concorrência das outras disciplinas, aí compreendidas aquelas como a história ou a ecologia, cujos progressos não são mais devidos a uma especialização crescente, bem ao contrário. Para compreender a espécie de impasse no qual se sentem os geógrafos, é preciso atingir o momento em que eles começaram a esquecer sua verdadeira razão de ser, aquele em que eles começaram a se desviar do papel que havia sido seu durante séculos.

De fato, a profissão de geógrafo é bem anterior ao aparecimento da geografia entre as disciplinas universitárias. Ela existe há séculos, e mesmo há mais de dois milênios no caso da China ou da Grécia. Vale a pena destacar que ela era já completamente científica desde a Antiguidade, levando-se em consideração métodos e técnicas das diferentes épocas. A profissão de geógrafo foi uma das mais científicas que existiram: estabelecer uma carta, antes da fotografia aérea e da teledetecção, era uma operação que exigia um extraordinário cuidado de precisão, milhares de medidas e cálculos, e isso durante anos. Era necessário, com efeito, que a carta fosse o mais precisa possível, com as técnicas do momento, para evitar aos navegantes de se perderem nos oceanos ou de cair sobre recifes, para reduzir os riscos de se perderem no deserto. Foi somente após o fim do século XIX – se tanto – que se fez a distinção entre o geógrafo e o cartógrafo, mas não se pode esquecer sua íntima relação durante séculos e esta é reforçada hoje pelo emprego de métodos de teledetecção.

A profissão de geógrafo é, portanto, muito antiga, e durante séculos ela foi considerada como da mais alta importância, tanto para os soberanos, como para os homens de negócios, dos mais empreendedores, pois as cartas, como as demais informações fornecidas pelos geógrafos, eram já tão indispensáveis ao governo dos Estados ou ao comércio de longo curso quanto o comando dos navios. Os geógrafos tinham, então, grandes responsabilidades: cada grande soberano tem "seu" geógrafo e seu gabinete de cartas e estas são consideradas instrumento indispensável de poder.

É no meio do século XIX que aparece uma outra "geografia", cujas funções não são essencialmente estratégicas, mas sobretudo ideológicas. De fato, em certos Estados europeus, primeiro na Prússia, depois na França, os meios dirigentes foram levados a pensar que era preciso ensinar certos conhecimentos geográficos, não somente aos homens de ação – o que tinha sido o caso até então – mas também a largas categorias sociais e sobretudo aos jovens.

A geografia se torna, então, disciplina de ensino destinada, primeiro aos jovens da burguesia, que iam ao liceu, depois a todos os alunos das escolas primárias, e esse ensino tinha por finalidade fazer com que conhecessem melhor sua pátria e os países que a cercavam. Apareceram, então, cada vez mais numerosos, os professores de geografia do ensino secundário (na França eles são também professores de história). Para formá-los, era necessário haver professores de geografia nas universidades. Para responder às necessidades crescentes dos liceus, o número de geógrafos universitários se torna bem maior que o de geógrafos que existia até então, e que eram, não só professores, mas especialistas relativamente raros, cujas responsabilidades eram grandes. Tanto assim que a expressão "os geógrafos" veio a designar essencialmente os geógrafos universitários.

Geógrafos cujas responsabilidades são bastante diferentes

É também nessa época, no fim do século XIX ou começo do século XX, que se opera a separação entre a profissão de geógrafo e a do cartógrafo e a primeira se transforma profundamente: os interlocutores do geógrafo, que tinham sido, até então, homens de ação e de poder, são substituídos por jovens estudantes, futuros professores. Essa época marca, portanto, uma transformação considerável na evolução daquilo que se chama a "geografia".

Sem dúvida, todos os países nos quais se desenvolvia um sistema escolar e universitário não conheceram a introdução da geografia nos programas do ensino secundário e essa multiplicação dos professores de geografia nos liceus. É, notadamente, o caso dos países anglo-saxões. Contudo, geógrafos apareceram em suas universidades, à imitação do que se passava na Alemanha ou na França, onde eles eram bem mais numerosos.

De acréscimo, a influência dos geógrafos universitários alemães e franceses foi cientificamente considerável. De fato, seu papel não se limitava à formação de futuros professores do secundário e eles se lançaram a numerosas pesquisas, embora fossem essas, muitas vezes, para suas teses de doutorado. Estas fizeram progredir os conhecimentos geográficos. Mas esses trabalhos de tipo acadêmico não estavam mais ligados às preocupações dos meios dirigentes, a suas empresas longínquas ou a seus projetos geopolíticos e, sobretudo na França, os geógrafos universitários foram levados a pensar que eram somente pesquisas desinteressadas que surgiam verdadeiramente da ciência, essa estando então, frequentemente, concebida como um fim em si, a "ciência pura". É então que os geógrafos começam a perder consciência de sua função social e daquilo que havia sido, durante séculos, a sua verdadeira razão de ser: pensar o espaço para que ali se possa agir mais eficientemente. Os progressos da divisão do trabalho científico, no seio da corporação dos geógrafos universitários, a separação progressiva dos geógrafos "físicos" e dos geógrafos "humanos", acentuaram ainda a tendência a conduzir pesquisas "desinteressadas"; monografias derivando da "geografia regional" e de uma ideia menos parcelar da geografia foram realizadas, sem pensar, por nada do mundo, que elas pudessem e devessem ser úteis a quem quer que fosse.

De fato, a verdadeira ciência nunca foi globalmente um empreendimento desinteressado e basta constatar que os progressos teóricos da geologia, por exemplo, uma das ciências com as quais os geógrafos tinham então mais relações, foram estreitamente ligados às preocupações da prospecção e exploração mineiras. Na verdade, essa geografia nova, "científica", que no começo do século XX os geógrafos universitários quiseram fundar e desenvolver, sem contudo se colocar a questão de sua utilidade no bojo da sociedade, decorre principalmente de uma concepção acadêmica da disciplina.

Contudo, a tentativa de seus predecessores foi, no decorrer dos séculos, tão científica como a sua, embora ela estivesse ligada a preocupações utilitárias ou políticas: não haviam eles conseguido construir, antes do fim do século XIX, representações cartográficas do mundo cada vez mais precisas? Elas não são desqualificadas pelos procedimentos mais modernos, que hoje as refinam e completam. Mas não devemos pensar somente nas cartas. A obra colossal de Elisée Reclus[2], obra que não é do tipo acadêmico

---

2. Os 19 volumes de sua *Nova Geografia Universal*, que ele escreveu, só e proscrito, de 1872 a 1895, representam mais de 17 mil páginas e mais de 4 mil cartas. É preciso

(ela procedia, com efeito, de um extenso projeto libertário) e que ainda hoje é admiravelmente moderna, é significativa do grau de avanço dos raciocínios geográficos antes do desenvolvimento da geografia universitária. A contribuição desta desde o início do século XX é, evidentemente, bem importante, mas ela não deve fazer esquecer o valor científico dos geógrafos de antanho, aqueles que estavam bem conscientes de servir a qualquer coisa, e o papel que eles tiveram na evolução das ideias políticas e a organização territorial do Estado, como nas transformações do mundo.

Não se trata somente de render homenagem a esses geógrafos que não eram universitários, mas de lembrar aos geógrafos de hoje, à comunidade científica e à opinião, a antiguidade e a importância da profissão de geógrafo no seio da sociedade. Não é porque as cartas se tornaram um objeto relativamente banal, ao menos em certos países (menos numerosos que se possa crer), que as funções dos geógrafos deveriam ser menos úteis que outrora. Ao contrário, pode-se apostar que elas parecerão dentro em pouco tão indispensáveis como no passado.

Por que chamar de "Heródoto" a uma revista de geografia?

É para chamar a atenção dos geógrafos de hoje sobre os problemas e as dificuldades de sua profissão, sobre sua antiguidade e sua evolução bastante paradoxal sobre suas responsabilidades coletivas e individuais, que nossa revista leva o nome de um grande geógrafo, Heródoto. É um dos mais antigos que se conhecem na Europa, pois ele vivia na Grécia no século V antes de nossa era.

A escolha desse título pode, sem dúvida, surpreender, pois Heródoto é habitualmente considerado um historiador. Mas ele foi da mesma forma (e talvez mais ainda) um geógrafo e, como tal, suas responsabilidades foram

---

acrescentar aí os dois tomos de *A Terra*, descrição dos fenômenos da vida do globo (1869) e os seis grossos volumes do *O homem e a terra* (1905), mais de 4 mil páginas, que são o coroamento de sua obra. "Trechos escolhidos" dessa última obra foram publicados, com uma importante introdução, feita por Béatrice Giblin, nas edições La Découverte, dois volumes, 180 e 120 páginas, 1982.

grandes ao lado dos dirigentes de Atenas: ele conduziu uma vasta *enquête*[3] para informá-los, precisamente, sobre os países do Mediterrâneo e meio-oriente, sobre o Egito e, sobretudo, sobre a Pérsia que era, para os gregos, uma potência temida. Heródoto não estabeleceu, sem dúvida, cartas (na época era, sobretudo, tarefa dos geógrafos-matemáticos ou astrônomos), e no entanto ele se refere a elas constantemente e tem em grande conta os itinerários, distâncias e emboscadas que ali se encontram. Mas, sobretudo, ele fez uma descrição precisa dos diferentes países (ele visitou muitos), interessando-se tanto por suas configurações "físicas" – os rios, as montanhas, os desertos – quanto por suas características "humanas", as formas de organização social e os costumes dos diferentes povos, como as estruturas políticas e militares dos diferentes Estados.

Para melhor compreender a evolução das dinastias e os problemas desses Estados, Heródoto fez também obra de historiador e isso não é para nos desagradar, bem ao contrário. Uma das características da escola geográfica francesa é, com efeito, a importância que ela dedica aos raciocínios históricos. Não é somente porque nos liceus e colégios franceses as duas disciplinas são ensinadas por um mesmo professor (é uma originalidade cultural francesa), mas sobretudo por uma razão bem mais importante. Para Kant, como para muitos outros pensadores, o tempo e o espaço não são as duas "categorias fundamentais"? Essas não podem, evidentemente, ser dissociadas no raciocínio filosófico e, menos ainda, na ação.

A ação...

Toda ação, desde que é movimento, ou comando fora do quadro espacial familiar implica raciocínio quanto ao espaço terrestre. Se há elementares que podem ser elaborados por qualquer um, existem, em

---

3. É de notar que Heródoto emprega, muito frequentemente, para definir seu trabalho, a palavra *historéo*, que significa para ele, como para Políbio, Sófocles, Platão e Aristóteles, por exemplo (cf. *Dicionário Bailly*), procurar saber, examinar, observar, explorar, conduzir *enquêtes*.

contrapartida, raciocínios muito complicados que exigem, para serem eficientes, verdadeiros profissionais do raciocínio geográfico.

Deslocar-se num território que não é balizado (sem indicação de itinerário e que não se conhece, ou que se conhece mal, exige se orientar e se informar para prever, antecipadamente, as distâncias, as dificuldades e os obstáculos. Se dispomos desse tão precioso meio de ação que é uma carta relativamente detalhada e se sabemos lê-la, o raciocínio geográfico é relativamente fácil. Em contrapartida, há empreendimentos que exigem, sob pena de derrota grave, raciocínios geográficos extremamente complexos, mesmo se dispomos de cartas.

Operações que exigem raciocínios geográficos muito complexos — São operações que, de um lado, concernem a efetivos de população mais ou menos consideráveis, desigualmente repartidas sobre um território e que, de outro lado, elaboram em lugares variados ou sobre extensões mais ou menos vastas, meios de produção complexos, cujo bom funcionamento depende de uma combinação de condições numerosas; entre essas, as condições geográficas desempenham um papel tanto maior quanto mais elas são complexas, mutáveis para uma parte (nem que seja em razão das variações climáticas e das transformações políticas), difíceis de atingir e, mais ainda, de modificar.

As operações de implantação de novos estabelecimentos industriais, nos países em que as redes de circulação são insuficientes, necessitam de raciocínios geográficos já complexos e de diferentes tipos, do nível internacional, até o local. Mas são, sem qualquer dúvida, as operações de desenvolvimento agrícola, conduzidas nos países do Terceiro Mundo, para fazer face ao rápido crescimento demográfico que exigem, para evitar os muito frequentes fiascos, o estabelecimento de raciocínios geográficos os mais difíceis. Com efeito, a experiência prova que, nesse gênero de operação, é necessário levar em consideração não somente os dados climáticos, suas variações sazonais e plurianuais, como a frequência dos "acidentes" meteorológicos, mas também as configurações da rede hidrográfica e os dados topográficos, as vertentes e a cobertura dos terrenos que se trata de preservar dos ravinamentos, como as características dos solos, sobretudo quando se trata de irrigar, não somente a repartição do povoamento e o traçado das rodovias e dos caminhos, mas também as estruturas agrárias e a organização dos sistemas de culturas tradicionais, sem esquecer os fenômenos migratórios, as rivalidades étnicas locais e os dados da geografia médica. Cada um desses múltiplos fatores geográficos necessita, é claro, de um especialista para a análise aprofundada, mas é somente um raciocínio particularmente complexo que permite compreender como eles se combinam diferentemente, uns com os outros, no quadro do território onde é conduzida a operação, e pode-se afirmar que o sucesso desta depende, em grande escala, da eficácia desse raciocínio geográfico.

Ora, é ainda bem excepcional que os geógrafos participem verdadeiramente da concepção e elaboração dos programas de desenvolvimento agrícola. De fato, são diferentes tipos de técnicos e sobretudo os economistas planificadores que têm a direção desse gênero de operações, e eles têm, na maioria dos casos, uma noção mais do que simplista da "geografia". Para os que decidem, como para o conjunto da opinião, o significado desta palavra se reduz à constatação de alguns grandes contrastes do relevo e do clima.

Do espaço "banal" à análise interdisciplinar e sistêmica – Os economistas que se tornaram os organizadores e os planificadores do "desenvolvimento" projetam, de acréscimo, sobre o espaço, quer se trate do terreno ou de territórios mais ou menos extensos, a condescendência com a qual eles consideram, frequentemente, os geógrafos. Essa condescendência que se origina das lembranças mais ou menos maçantes das lições de geografia[4] no ensino secundário, não é somente apanágio dos economistas, mas são eles que a expressam mais a forma teórica aí compreendida. O espaço que eles chamam geográfico é aquele que eles designam, seguindo certos mestres seus, o espaço *banal*[5] ou o espaço vulgar para opô-lo ao espaço "econômico"

---

4. É de notar que na França a geografia, no ensino secundário, é ensinada, em mais de três quartos dos casos, por professores que não foram formados nessa disciplina e que receberam, sobretudo, uma formação histórica.
5. Segundo a expressão do famoso economista do desenvolvimento, François Perroux, em seu *A economia do XX$^{\underline{o}}$ século*, PUF, 1961, notadamente pp. 123-132.

que seria, a seus olhos, o único digno de atenção e de raciocínios científicos.

O emprego frequente desse adjetivo banal para designar o espaço concreto vai junto com toda uma série de conotações mais ou menos explícitas que fazem com que esse espaço seja julgado, tudo junto, "comum... ordinário... uniforme... evidente"... e finalmente sem importância pelos teóricos da economia e do "desenvolvimento".

Essa suficiência atinge, por vezes, a imbecilidade imperdoável, de tal forma as realidades negligenciadas, em certas operações de desenvolvimento, eram evidentes e importantes. Ela teve de pagar por um certo número de derrotas catastróficas, aliás, tanto em regime "capitalista" como em regime "socialista", mas não foram os planificadores que se sacrificaram. Não se deve, evidentemente, minimizar o papel de poderosos fatores negativos de ordem financeira ou política, mas, em vários casos, as causas planetárias do "subdesenvolvimento" tiveram ombros largos, e pode-se dizer que este ou aquele fiasco poderia ser evitado se tivessem negligenciado menos a análise da diversidade das situações geográficas e a complexidade dos fenômenos humanos sobre o terreno. Mas seria necessário que aqueles que tomam as decisões em tais operações pensassem que os geógrafos poderiam ser úteis, como também seria necessário que os geógrafos mostrassem, de seu lado, como eles poderiam ser eficientes.

Durante os 20 ou 30 últimos anos, certas regiões do Terceiro Mundo conheceram a falência, as sequelas de várias operações de desenvolvimento agrícola, consecutivas. A sucessão de tais derrotas, quando as condições gerais não eram impeditivas, começa a ser considerada como a prova de que as realidades são bem mais complicadas e que, no bojo de um mesmo Estado, as situações são bem mais diversas do que pretendiam teóricos formados num grau muito avançado de abstração. Percebe-se que as realidades que se quer modificar não derivam só da análise dos economistas e que elas são a superposição e a interação de múltiplas categorias de fenômenos.

Ainda louvar-se-ão, daqui para a frente, as virtudes do aproche pluridisciplinar (interdisciplinar ou transdisciplinar). Mas este não é cômodo e não é suficiente justapor as relações estabelecidas por diferentes especialistas para perceber, de forma eficaz, a complexidade de uma situação e a superposição de fenômenos que eles abordam separadamente. Nesses empreendimentos que se querem pluridisciplinares, os geógrafos têm, na verdade, um papel propriamente crucial a desempenhar e é preciso destacar que sua utilidade, na ocorrência, procede justamente (e paradoxalmente) daquilo que lhes vale ser frequentemente denegrido pelos especialistas das outras disciplinas. O estatuto epistemológico da geografia lhes parece mais do que vago, sobretudo na sua concepção francesa, dilatado como é do campo das ciências naturais ou das ciências sociais, mas ele implica que os geógrafos, mais que todos os outros, sejam iniciados nos métodos e nas linguagens de bem diversas disciplinas, e isso é um trunfo precioso numa experiência pluridisciplinar.

Desde alguns anos fala-se muito nas vantagens da análise sistêmica para atingir as interações de fatores diversos que se superpõem na porção da realidade sobre a qual se quer agir. Mas para começar a desvendar esse magma confuso, é preciso primeiro determinar a extensão espacial particular de cada um desses fatores e de suas variantes e, em seguida, examinar as interseções dos múltiplos conjuntos espaciais que foram delimitados assim. Analisar uma situação é, primeiro, levantar ou examinar cartas dos diferentes fenômenos que ali interferem. É o trabalho dos geógrafos e a representação complexa que eles constroem da realidade (representação evidentemente parcial, como toda representação) uma das bases da análise sistêmica.

Um saber científico incontestável se é, no seu conjunto, orientado para um fim – O desenvolvimento recente de reflexões ligadas ao interesse crescente que a comunidade científica dedica à análise dos sistemas, no quadro das experiências interdisciplinares, permite colocar em termos novos o problema do estatuto epistemológico da geografia. A lista, à primeira vista, bastante heteróclita das diversas categorias de fenômenos que os geógrafos afirmam levar em consideração e, mais ainda, a quantidade de conhecimentos que eles emprestam de várias ciências, levaram certos teóricos a considerar a geografia como uma espécie de sobrevivência, sem razão de existir hoje de discursos pré-científicos do passado. Evidentemente, o progresso das ciências resulta, em grande escala, de uma divisão cada vez mais avançada do trabalho científico. Mas desde há alguns anos, ao lado das ciências *stricto sensu*, cada uma especializada na análise de um setor cada vez mais preciso da realidade, as reflexões epistemológicas novas legitimam o desenvolvimento de saberes científicos cuja característica e função são de combinar, de articular elementos de conhecimento que são produzidos por diferentes espécies de ciências.

Assim, a medicina ou a agronomia, por exemplo, são consideradas hoje como saberes, na medida em que uma e outra combinam conhecimentos produzidos por ciências cada vez mais numerosas, não somente a química e a biologia, mas ainda, por exemplo, a psiquiatria e a sociologia para uma, a pedologia e a economia para a outra.

O fato de que os geógrafos consideram elementos de conhecimento elaborados por múltiplas ciências não deve mais ser tomado, hoje, como a prova das carências ou do estatuto epistemológico ultrapassado da geografia. Essa pode ser considerada um saber científico, mas com a condição formal de que todos esses elementos de conhecimento, mais ou menos disparatados, não sejam mais enumerados, justapostos num discurso do tipo enciclopédico mas, ao contrário, articulados em função de um fim.

De fato, a legitimidade epistemológica de um saber se baseia, não mais num quadro acadêmico, seja ele científico, mas sobre práticas sociais providas de resultados tangíveis. São, aliás, as lições da vitória ou da derrota dos raciocínios construídos em função do fim que se quer atingir, ou do resultado que se quer obter, que permitem os progressos dos métodos de um saber e que justificam o recurso a conhecimentos estabelecidos por ciências ainda mais numerosas.

Todo mundo sabe para que serve a medicina ou a agronomia. Mas para que serve a geografia? Essa questão que *Hérodote* colocou como início do mecanismo da discussão, pode parecer bem trivial a certas pessoas e muito distanciada dos raciocínios da epistemologia. Na verdade, ela é, para os geógrafos, a questão epistemológica fundamental, pois segundo a resposta que lhe é dada, é o estatuto da geografia, na qualidade de saber científico que se acha fundamentado ou, ao contrário, recusado.

Há 30 anos, certos geógrafos universitários aproximaram esta questão, mas de forma parcial, desviada e de certa forma marginal, quando eles começaram a "fazer geografia aplicada". Não era a questão do estatuto da geografia, no seu conjunto, que estava colocada desse modo. Era somente (e era já muito) a tomada de consciência de que certos métodos empregados pelos geógrafos podiam ser eficazes para a solução deste ou daquele problema técnico que engenheiros ou organizadores tinham que resolver.

Mas esses métodos não são próprios aos geógrafos: eles são também, e sobretudo, elaborados por especialistas dessa ou daquela disciplina e estes podiam recusar a competência daqueles. Nessas relações de tipo "binário" (entre geógrafos e pesquisadores de uma outra ciência), como as chama Jean Tricart, um dos grandes promotores da "geografia aplicada", não é o conjunto do raciocínio geográfico que é elaborado, mas uma parte somente, e frequentemente são, sobretudo, os métodos que os geógrafos mais ou menos emprestam de uma outra ciência. Por causa disso, a razão de ser da geografia não estava verdadeiramente demonstrada.

Quando preconizou, em 1965, o desenvolvimento de uma geografia ativa[6], Pierre George destacou que é na qualidade de aproche global, ao mesmo tempo "físico" e "humano" que essa deveria ser concebida e não como a aplicação desta ou daquela técnica do *savoir-faire* dos geógrafos. Mas os métodos desse aproche "global" (ao menos em função daquilo que consideram os geógrafos) não estavam claramente definidos e menos ainda os de análise espacial que são, no entanto, o domínio específico dos geógrafos. Enfim, essa "geografia ativa", tanto quanto a geografia "aplicada", era ainda concebida como uma espécie de prolongamento de uma geografia universitária, sobretudo preocupada com a ciência "pura" e cujas motivações permanecem essencialmente acadêmicas.

Para que a geografia seja reconhecida pela comunidade científica como um saber no sentido definido acima, e como um saber tão necessário como a medicina ou a agronomia[7] é preciso que os geógrafos, quaisquer que possam ser as pesquisas de cada um deles e que façam ou não geografia "aplicada", estejam conscientes de que sua razão coletiva de ser na sociedade é de saber pensar o espaço para que ali se possa agir mais eficazmente. É somente isso que dá um sentido à sua profissão e que justifica, epistemologicamente, o número de empréstimos que eles fazem das outras ciências.

---

6. Pierre George, *A geografia ativa*, PUF, 1965, com a colaboração de R. Guglielmo, B. Kayser e Y. Lacoste.
7. Estamos longe presentemente, mas essa ambição não é irrealizável.

Bem entendido, nos resultados obtidos por aquelas, os geógrafos levam em conta, sobretudo, os que são cartografáveis ou cartografados, quer dizer, suficientemente diferenciados espacialmente. De fato, fazem-se cartas também em outras disciplinas (cartas do geólogo ou do pedólogo, carta do climatólogo, cartas do demógrafo ou do etnólogo etc.). A razão de ser dos geógrafos é de saber pensar o espaço em sua complexidade, como superposição e interações muito diversas e que, de acréscimo, tem dimensões bastante desiguais, desde aquelas de envergadura planetária até aquelas de certos elementos pontuais, significativas numa situação local.

É porque a realidade é complicada que os raciocínios que podem construir os geógrafos são necessários, e, hoje, sem dúvida, mais ainda do que antigamente. Eles respondem a necessidades fundamentais, que são as do movimento, da ação, fora do quadro espacial familiar e essas necessidades se manifestam tanto mais frequentemente quanto mais se multiplicam as relações e as intervenções a grande distância.

Saber pensar a complexidade do espaço terrestre – Para ter uma ideia mais precisa do papel que podem ter os geógrafos e o lugar que eles devem dedicar à ação, ao movimento em seus raciocínios, não é inútil esboçar algumas regras do saber pensar o espaço.

Para ser eficiente, o geógrafo deve partir do princípio de que cada fenômeno que se isola pelo pensamento tem sua configuração espacial particular que corresponde, sobre a carta, a um certo conjunto espacial. Imenso é, portanto, o número[8] dos conjuntos espaciais que se superpõem na superfície do globo. Sua classificação se opera, de um lado, em função das categorias científicas (conjuntos topográficos, hidrográficos, geológicos, climáticos, botânicos, demográficos, econômicos etc.) e, de outro lado, em função de seu tamanho, distinguindo-se diferentes ordens de grandeza.

---

8. Mesmo admitindo que os geógrafos só levam em consideração os conjuntos espaciais cuja representação cartográfica implica uma redução de suas dimensões, sendo definida pela escala (de redução) da carta, não é inútil lembrar que numerosas ciências, inversamente, só apreendem os fenômenos, aumentando-os; é, por exemplo, o caso da biologia.

De fato, as dimensões dos conjuntos espaciais que consideram os geógrafos podem se medir em dezenas de milhares de quilômetros (primeira ordem), em milhares de quilômetros (segunda ordem), em centenas de quilômetros (terceira ordem), em dezenas de quilômetros (quarta ordem), em quilômetros (quinta ordem), em dezenas de metros (sexta ordem), em metros (sétima ordem)...

Nas discussões epistemológicas relativas à geografia, dá-se ênfase, sobretudo, à diversidade dos conjuntos espaciais em função das categorias científicas, mas não se presta atenção geralmente às suas diferenças de ordem e de grandeza. É, no entanto, uma das características principais do raciocínio geográfico, uma das razões de sua eficácia, mas também uma de suas dificuldades maiores, pois o problema não se reduz à escolha das escalas das cartas (pequeníssima escala para representar os conjuntos de primeira ordem de grandeza, grande escala para representar os da quinta ordem...).

De fato, a observação geográfica é levada a níveis de análise muito diferentes, desde o nível mundial, que corresponde ao exame de conjuntos e de movimentos de dimensão planetária, até o nível que convém ao inventário das características de um lugar de pequenas dimensões (algumas centenas de metros, um *terroir*, uma clareira, por exemplo). Há, *grosso modo*, tantos níveis de análise quantas são as ordens de grandeza na gama dimensional dos conjuntos espaciais levados em consideração pelos geógrafos. Mas os conjuntos das primeiras ordens são formados em um grau de abstração bem mais avançado que os conjuntos de bem menores dimensões. Ainda as representações que correspondem a esses diferentes níveis de análise não se referem somente a territórios de desigual amplitude: são, de certa forma, qualitativamente diferentes e são, por isso, complementares.

No entanto, apega-se bem frequentemente a um único desses níveis de análise, aquele que parece "ir por si mesmo", mas o raciocínio geográfico é então incompleto e priva-se das informações que forneceria o exame das representações em menor e em maior escala. Em contrapartida, trata-se de conduzir (ou de compreender) operações de pode sobretudo se elas são complexas e se implicam certo risco, é então indispensável, sob perigo de fracasso, conduzir a análise em vários níveis. O sucesso de uma estratégia, concebida em função das relações de forças sobre um espaço relativamente amplo, depende da maneira pela qual ela é elaborada sobre o terreno, por táticas que devem levar em consideração configurações espaciais de dimensões bem menores.

São também as exigências do movimento e da ação que, bem frequentemente, obrigam a examinar com atenção, em cada nível de análise, a extensão espacial precisa das diferentes espécies de fenômenos que é necessário levar em consideração, como outros tantos trunfos, obstáculos ou *handicaps*. A reflexão acadêmica se preocupou sobretudo com as coincidências que ela podia descobrir entre os conjuntos espaciais da mesma ordem de grandeza, mas derivando de diversas categorias científicas. Contudo, essas coincidências são pouco numerosas em comparação com as múltiplas interseções que formam, superpostas sobre uma mesma carta, conjuntos topográficos, geológicos, climáticos, demográficos, econômicos, culturais etc. Não é apenas particularmente interessante, do ponto de vista científico, levar em consideração as não coincidências entre as configurações espaciais de fenômenos que poder-se-ia acreditar estarem estreitamente ligados uns aos outros, mas sobretudo é particularmente útil descobrir essas interseções na elaboração das estratégias e na escolha das táticas. Todo raciocínio geográfico (cf. o esquema, p. 93) deveria repousar sobre:

- de um lado, a distinção sistemática dos diferentes níveis de análise, segundo as diferentes ordens de grandeza dos conjuntos espaciais;
- de outro lado, em cada um desses níveis, o exame sistemático das interseções e coincidências entre os contornos de múltiplos conjuntos espaciais da mesma ordem de grandeza.

Pensar o espaço terrestre na sua complexidade, portanto, não é simples e aqueles que falam do espaço "banal" julgarão que tudo isso é muitíssimo complicado.

Mas o grande epistemólogo que foi Gaston Bachelard mostrou em *O racionalismo aplicado* (1949) que "a explicação científica não consiste em passar do concreto confuso ao teórico simples, mas em passar do confuso ao complexo inteligível".

Como articular os diferentes níveis de análise? – É eficiente representar-se o espaço terrestre como se ele fosse uma "massa folhada", distinguindo pelo pensamento diferentes planos ou níveis de interseções de conjuntos espaciais. Mas se os distinguimos metodicamente segundo as ordens de grandeza, é para melhor os articular uns com os outros. É para melhor compreender uma situação local, para ali eficazmente, que é necessário levar em consideração interseções de conjuntos sobre extensões bem mais amplas e é para elaborar, com mais chances de sucesso, estratégias concebidas no plano internacional e no quadro de um Estado que se precisa analisar situações locais e o terreno (os terrenos) onde elas serão, em última análise, aplicadas[9].

Mas o esquema desse modelo coloca em evidência que esses diferentes níveis de análise são separados uns dos outros por uma série de hiatos e estes constituem a maior dificuldade conceitual do raciocínio estratégico. Como articular esses diferentes níveis de análise?

Esse problema não é específico à geografia; ele se coloca tanto em história como em economia, por exemplo: como combinar a "longa duração" e a "curta duração"? Como articular a macro e a microeconomia? De fato, na maioria das ciências e dos saberes se está prestes a tomar consciência da importância desse problema dos hiatos entre os diferentes níveis hierárquicos que se é levado a distinguir. O problema está colocado, mas a solução teórica não parece ainda ter sido encontrada.

É finalmente com referência à prática, tendo-se em mente as lições de sucesso e as derrotas, que se tenta resolver o tão difícil problema do hiato entre os diferentes níveis de análise. Como assinala L. von Bertalanffy na sua *Teoria geral dos sistemas*, as análises sistemáticas e sua organização segundo uma certa ordem hierárquica, não devem ser concebidas no absoluto. Elas só têm sentido em função dos objetivos que se propõe atingir,

---

9. Para exemplos concretos, ver os estudos de casos "Estratégias no Vale do Volta branco Estratégias no delta do rio Vermelho Estratégias em volta da Sierra Maestra" em Yves Lacoste, *Unidade e diversidade do terceiro mundo. Das representações planetárias às estratégias sobre o terreno*, edições La Découverte, 1984, 568 páginas.

levando-se em conta os entraves e os meios dos quais se dispõe. "Melhor compreender para melhor agir?", escreve o promotor da análise sistêmica que lembra, com razão, que os progressos desse método datam, sobretudo, das preocupações estratégicas da Segunda Guerra Mundial.

O procedimento dos geógrafos deve portanto ser operacional. Raciocínio geográfico e raciocínio estratégico se juntam, na medida em que, um e outro, de um lado se referem constantemente às cartas e, de outro, se esforçam por combinar diversas categorias de fatores e por articular vários níveis de análise espacial. Sem dúvida, no momento, bem poucos geógrafos raciocinam em termos de objetivos a atingir, mas seu número pode crescer num futuro relativamente próximo. Contudo, entre esses dois tipos de raciocínios há uma diferença capital, que não se pode esquecer. É que o geógrafo não é aquele que decide sobre uma estratégia, pois ele não é o chefe de Estado ou o chefe de guerra.

Mesmo no passado, quando o papel do geógrafo do rei era reconhecido como muito importante, se a responsabilidade era grande, seus poderes eram muito limitados e ele não era informado de todos os dados (políticos e militares) necessários para a escolha e para a execução das estratégias. Hoje, a autoridade dos geógrafos é ainda mais restrita, pois se duvida, bem frequentemente, de sua utilidade. Mas nós acabamos de ver que seu saber pensar o espaço, sua verdadeira razão de ser, é particularmente necessário às ações de grande porte e aos empreendimentos que se referem a territórios e a efetivos de população relativamente importantes. Ora, essas ações e esses empreendimentos derivam, de fato, daqueles que dirigem o Estado e esses, pelo exercício hierárquico do poder sobre subdivisões territoriais mais ou menos vastas, raciocinam da mesma forma que os geógrafos eficientes, em diferentes níveis de análise.

Na verdade, a geografia é um saber político (polis, a cidade, termo geográfico por excelência!), mas não é o geógrafo que exerce o poder. Sua visão do mundo e do país em que vive é, por vezes, próxima daquela do príncipe, mas ele não é o príncipe; na melhor das hipóteses, ele pode ser um dos seus conselheiros. Não é possível compreender para que servem e, sobretudo, para que podem servir os geógrafos, sem colocar os problemas do político.

... O político

Por político, neste texto, não se deve entender o homem político, quer seja ele homem de Estado ou político, nem a política, quer seja ela discurso ou exercício do poder, mas uma certa categoria de fenômenos sociais. Esta se refere a uma representação da sociedade que, por nela ver mais claro, classifica as múltiplas relações sociais, superpostas umas às outras, em função de diferentes preocupações teóricas. Antes de distinguir categorias de fenômenos, o que pode deixar entender que elas são nitidamente separadas uma das outras, os pesquisadores, dos mais prevenidos, e notadamente Robert Fossaert[10] preferem olhar todas as sociedades em função de três procedimentos de investigação, em função de três "instâncias" principais, a do econômico, a do político[11] e a do ideológico.

Recusar o primado do econômico – Embora essas três instâncias sejam necessárias, a do econômico é que se tornou a representação preponderante da sociedade e o discurso economicista, refira-se ele ou não aos preceitos do "materialismo histórico", tende a exercer uma influência hegemônica sobre o conjunto das ciências sociais e sobre o modo de pensar os problemas de nosso tempo. Considerando tudo aquilo que provém do político e da ideologia como subproduto do econômico, veio-se a reduzir o imperialismo aos mecanismos da "troca desigual" e a considerar que a transformação radical das relações de produção, a supressão da propriedade privada dos meios de produção podiam resolver os problemas políticos e ideológicos de uma sociedade. Estamos longe disso e percebe-se hoje que essas teses que louvaram a preponderância do econômico serviram,

---

10. Sua obra, em curso de publicação, *A sociedade* (ed. Le Seuil), seis tomos atualmente já publicados, oferece o instrumental conceitual mais diferenciado e mais preciso para a análise dos diferentes tipos de sociedade, não somente em função da instância econômica mas também da instância do político e do ideológico.
11. Para Fossaert, a "instância política tende a representar o conjunto das práticas e das estruturas sociais relativas à organização da vida social. O conceito central, a partir do qual e em torno do qual ela se organiza, é o do Estado [...]. O Estado não é, contudo, o único poder organizado na sociedade [...]; esta se beneficia de outros poderes. O sistema dos poderes não-estatais constitui a sociedade civil".

notadamente, para minimizar a organização dos *gulags*, fenômeno capital que, este sim, provém do político.

Ao mesmo tempo, os economistas tornaram-se os gerenciadores das mudanças da sociedade e os organizadores de seu desenvolvimento. Eles são, a partir de agora, muito numerosos nos aparelhos de Estado e muitos deles se tornaram ministros, ou mesmo chefes de Estado. Deve-se, de um lado, aos economistas o grande crescimento, sem quebra, da economia mundial (sobretudo a dos países "desenvolvidos") entre o fim da Segunda Guerra Mundial até o início dos anos 1970, longo período de expansão, como jamais foi visto na história do capitalismo. Durante cerca de 30 anos eles souberam gerir as contradições desse sistema e, por intermédio das administrações estatais e instituições financeiras internacionais, eles conseguiram sobrepujar tal fator de recessão ou de bloqueio pelo relançamento, no momento oportuno, de determinado setor de investimento ou de especulação.

Mas a crise econômica mundial que causa estragos, desde há mais de dez anos, reduz a soberba do "economicismo" e percebe-se hoje que esse enorme crescimento foi, em grande medida, uma espécie de fuga para a frente e que os planos de desenvolvimento concebidos pelos economistas, sejam eles "burgueses" ou "marxistas", não chegaram a resolver os problemas do Terceiro Mundo. Nos próximos 20 anos, a maioria desses países deverá suportar uma nova duplicação de sua população (esta já dobrou desde os anos 1950) e a triplicação ou mesmo quadruplicação de suas grandes aglomerações urbanas. Para fazer face a tais urgências, a prova já está dada de que a planificação econômica não é suficiente. É preciso tentar resolver, o mais depressa possível, um certo número de problemas fundamentais, que são geográficos. Os geógrafos devem cessar de ficar a reboque dos economistas.

Nós já dissemos que um rápido desenvolvimento agrícola exige que seja levada em conta a superposição espacial de fatores positivos e negativos, naturais ou humanos, que os economistas, com sua concepção do espaço "banal" ou "vulgar", negligenciaram, voluntariamente. Geógrafos eficientes são indispensáveis para uma verdadeira organização do desenvolvimento agrícola que deve, com os meios locais para o essencial, visar aumentar o volume das produções, cuidando da salvaguarda dos recursos não renováveis, a água e os solos, que já estão gravemente degradados. Nesse imenso empreendimento que deve levar em conta a extrema variedade das situações locais e regionais, a concepção francesa da geografia, tudo junto, "física" e "humana", aparece como uma das mais eficientes.

Quanto ao enorme crescimento urbano que irá se produzir daqui até o fim deste século em numerosos países do Terceiro Mundo (uma cidade como a do México atingirá então os 30 milhões de habitantes!), não são receitas arquitetônicas ou urbanísticas que podem permitir fazer face a isso. É preciso uma estratégia eficiente da organização do conjunto do território e, para tanto, é preciso geógrafos também. E não são somente esses dois gigantescos problemas do Terceiro Mundo que necessitam de sua intervenção. Nos países "desenvolvidos", inúmeros problemas, como por exemplo aquele que se chama regionalização ou redimensionamento industrial, pedem o concurso de especialistas do saber pensar o espaço.

Esse saber se torna tanto mais necessário quanto mais se multiplicam e se aceleram as relações, as intervenções, as interações a grande distância. O raciocínio no âmbito mundial se torna, sem dúvida, cada vez mais indispensável, mas para ser eficiente, ele deve ser combinado com a observação em outros níveis de análise espacial. Os fenômenos de "planetarização" não fazem desaparecer, o que quer que possam dizer alguns, aquilo que se passa em níveis local, regional e nacional.

Todos esses problemas que é preciso resolver fazem com que o papel dos geógrafos possa se tornar mais importante do que nunca. Há 40 anos, pouco numerosos eram aqueles que previam a influência considerável que iriam exercer os economistas; tal influência esteve na medida dos problemas econômicos que foi preciso resolver. Eis que chega agora o tempo dos geógrafos.

A geografia, de novo um saber político – Mas para isso é preciso formar geógrafos eficientes que tenham o gosto e o senso da ação. É preciso também que eles estejam conscientes do procedimento, da importância dos fenômenos que advêm do político.

Ora, os geógrafos universitários, e em especial os franceses, se recusaram, durante muito tempo, e se recusam ainda, na maioria das vezes, a levar em consideração os problemas políticos, sob o pretexto implícito de que estes últimos não seriam "geográficos". Esse argumento, que geralmente deriva de regras não ditas, mas não menos poderosas, da corporação, não é sério, na medida em que um bom número dos fenômenos políticos essenciais são, eminentemente, espaciais e cartografáveis, tais como o Estado, suas fronteiras, suas subdivisões territoriais e sua estrutura urbana. Esses "dados" não mais foram julgados dignos de raciocínio científico porque eles eram, digamos, "evidentes"; os da geografia eleitoral não o eram, contudo, mas os geógrafos universitários não privaram os sociólogos desse domínio de pesquisas.

Essa exclusão da política do campo daquilo que se pode chamar de geograficidade (disso que os geógrafos[12] consideram como "geográfico") é tanto mais notável porque, durante séculos, a geografia tinha sido considerada um saber eminentemente político. Na França é quando se começa a ensinar a geografia nas universidades que os primeiros mestres dessa disciplina decidiram de algum modo que, para fundar uma ciência nova (pois tal era seu projeto, esquecendo que seus predecessores já tinham um procedimento bastante científico), era-lhes necessário estabelecer leis objetivas e excluir, de suas preocupações, problemas que constituíam matéria de controvérsia, de propaganda e de conflitos. No entanto, seus colegas historiadores, esforçando-se em construir um saber objetivo, nem por isso proscreveram o político do campo da historicidade. A vontade dos geógrafos de reduzir a geografia a um saber apolítico sobrevem de causas complexas[13], mas poderosas, pois elas levaram a corporação a "esquecer", a passar em silêncio, não somente a grande obra de Elisée Reclus, mas também a obra capital, na verdade, do "pai da geografia francesa", Vidal de la Blache[14].

---

12. Existem, presentemente, concepções diferentes e mais ou menos restritas da geograficidade pois, por exemplo, os geógrafos soviéticos não levam em consideração a maior parte dos fenômenos "humanos" e os geógrafos norte-americanos negligenciam uma grande parte dos fenômenos "físicos".
13. Ver Y. Lacoste, "Geograficidade e geopolítica. Elisée Reclus", no n. 22 de *Hérodote*, julho-setembro, 1981.
14. Trata-se de *A França de Leste*, que é um livro de geografia e geopolítica que Vidal de la Blache redigiu durante a Primeira Guerra Mundial, quando colocou em plano internacional a questão de anexação à França das duas regiões, de língua alemã na maior parte, que a Prússia havia anexado em 1871.

A exclusão do político pelos geógrafos universitários teve graves consequências para a evolução desse saber. Essa regra, tanto mais por não ser explicitamente dita, bloqueou a reflexão epistemológica sobre a geografia, no momento em que esta se encontrava assim, dissimuladamente atrofiada. Foi então que os geógrafos começaram a perder a consciência de sua razão de ser, que seu discurso se tornou cada vez mais acadêmico e que seu papel se tornou mais e mais incerto aos olhos dos especialistas das outras disciplinas, como aos dos dirigentes políticos.

Essa exclusão da política não tem qualquer justificativa epistemológica séria e é preciso reagir e mostrar qual pode ser o papel dos geógrafos.

Como é em função de operações de envergadura que seu saber pensar o espaço parece ser mais necessário, e como essas operações colocam problemas políticos e dependem daqueles que dirigem o Estado, é preciso demonstrar a estes, como a todos aqueles que se preocupam com o destino de seu país, que os raciocínios dos geógrafos permitem compreender melhor os fenômenos políticos e também serem mais eficientes. Trata-se de trazer de volta os geógrafos sobre o terreno da política e que eles ali façam a sua prova. Tal é o projeto da *Hérodote*.

Hérodote, *revista de geografia e de geopolítica* – Seguramente, o termo geopolítica foi proscrito há decênios, sob pretexto de que ele esteve estreitamente ligado à argumentação do expansionismo hitleriano. Mas, pelo mesmo motivo, se baniu a biologia, da qual os teóricos nazistas das "raças superiores" fizeram o uso que se sabe?

Na verdade, os raciocínios geopolíticos, isto é, tudo aquilo que mostra a complexidade das relações entre o que sobrevêm da política e as configurações geográficas, não são mais de "direita" do que de "esquerda", não mais "imperialistas" que liberadores. Eles servem àqueles que os utilizam e são, evidentemente, matéria para refutação e controvérsia. Tal argumentação que lesa os interesses de tal grupo ou de tal povo será refutada por um outro raciocínio que é, também, geopolítico. Ela o é também tanto da história como da economia, cujas teses servem, em primeiro lugar, àqueles que as afirmam, mas isso não impede seus saberes de serem respeitados e de se encaminhar, nas polêmicas, para um conhecimento menos participante da realidade.

Os dirigentes dos povos que lutaram, ou lutam ainda, para a independência ou para a autonomia, também eles fazem geopolítica, mas seus argumentos não são, evidentemente, os mesmos que os das potências que os dominam. Na França, a obra do grande geógrafo libertário Elisée Reclus é, numa grande proporção, uma geopolítica: ele analisa, notadamente, as razões geográficas que fazem os povos oprimidos lutarem entre si e, por vezes, mais ferozmente ainda do que contra as forças que os oprimem. Reclus considerava o raciocínio geográfico (ele aí incluía, evidentemente, o que sobrevem do político) um meio de resistência à opressão e ele desejava fazê-lo conhecer ao maior número de cidadãos. É porque esse teórico do movimento libertário foi, da mesma forma, um extraordinário geógrafo.

Contrariamente ao que pensam certas pessoas[15], o raciocínio do tipo geopolítico não postula o primado do Estado: ele é utilizável por aqueles que o combatem. Mas não adianta nada, sobretudo para um geógrafo, fazer como se o Estado não existisse, e orientar uma geografia política em direção a uma geometria do poder, este sendo visto, em princípio, ao nível das relações de pessoa a pessoa (o homem, a mulher, os pais e as crianças), pois estas não são cartografáveis.

Inversamente, contrariando o que é dito o mais das vezes, as reflexões geopolíticas não se situam somente no âmbito planetário ou em função de vastíssimos conjuntos territoriais ou oceânicos, mas também no quadro de cada Estado, aí compreendidos aqueles cuja unidade cultural é grande. Da mesma forma, o raciocínio geopolítico não se aplica somente aos conflitos violentos e ele esclarece, de maneira nova e bem útil, os problemas de regionalização e a geografia das tendências políticas e isso, às vezes, no quadro dos conjuntos territoriais relativamente pouco extensos.

Na França e em outros países, o termo geopolítica começa a ser utilizado cada vez mais frequentemente na mídia; ele começa mesmo a ser uma fórmula em moda.

Com efeito, desde que o mundo aparece como muito mais complicado do que afirmavam grandes discursos maniqueístas (Leste-Oeste, Norte-

---

15. Notadamente, Claude Raffestin, em *Por uma geografia do poder*, Litec, 1980.

Sul, centro e periferia), uma notável parte da opinião começa a pressentir que é importante considerar as configurações espaciais no exame das relações de forças, e que certos problemas, particularmente efervescentes, são bem complicados. É o que explica a atenção que tal opinião dedica, desde algum tempo, a tudo que faz referência à geopolítica. Mas esse interesse, muito frequentemente, não é totalmente satisfeito porque, na mídia, a etiqueta "geopolítica" cobre muitas banalidades ou *slogans* deformantes. A essa procura é preciso responder de modo mais satisfatório. É preciso desmascarar as especulações geopolíticas.

Para aí se ver mais claro e para melhor explicar, para colocar em evidência estratégias ocultas, é preciso recorrer à carta, examinar e mostrar não somente uma carta, mas cartas que, estabelecidas em escalas diferentes, permitam atingir a superposição dos problemas e das relações de forças, em função de territórios de extensão maior, ou menor. Nesse domínio, o saber pensar o espaço dos geógrafos aparece com toda a sua eficácia. De pronto, começa-se a compreender que a geografia não é a disciplina simplista e maçante da qual se conserva, após o colégio e o liceu, uma lembrança mais ou menos vaga. Começa-se a perceber no que a geografia é um saber fundamental.

Não se trata, evidentemente, de reduzir a geografia ao raciocínio geopolítico, mas este foi durante tanto tempo excluído das preocupações dos geógrafos, e tão poucos se preocupam ainda hoje com ele, que é preciso destacar sua importância e seu interesse. *Hérodote* não se especializa no estudo das questões políticas. Sua ambição é bem mais ampla, pois se trata de restabelecer a geografia, ao mesmo tempo "física" e "humana", no estatuto que durante séculos foi o seu, o de um saber político.

É respondendo à questão "Para que serve, para que pode servir a geografia?", que se pode mostrar qual é e qual pode ser o papel dos geógrafos no seio da nação.

22
ENSINAR A GEOGRAFIA*

Não há geografia sem drama.

É uma grande honra para um geógrafo ter de falar da geografia neste grande colóquio consagrado à história e, ainda mais, por ocasião da sessão inaugural. Mas é também uma tarefa bastante temerária, pois – para mim – não se trata tanto de fazer o panegírico da geografia como de analisar, para melhor defendê-la, quais são as causas profundas daquilo que se pode chamar seu descrédito.

Não que eu seja um geógrafo envergonhado, bem ao contrário. E é essa uma das razões pelas quais estou particularmente consciente da distância entre a ideia que se faz habitualmente da geografia e aquilo que ela deveria ser.

Não é significativo que esse colóquio seja essencialmente consagrado à história, quando essas duas disciplinas estão tradicionalmente associadas à escola, ao colégio e ao liceu? Mas eu compreendo as razões dessa escolha.

---

* N.T.: Texto da intervenção no Colóquio nacional sobre a história e o seu ensino, Ministério da Educação Nacional, 19 a 21 de janeiro-1984, Montpellier.

De fato, num país como a França, dá-se bem maior importância à história que à geografia, a "imagem de marca" desta última não sendo particularmente boa, e isso contrasta com os progressos atuais que faz a geografia no domínio da pesquisa.

Mas, primeiro, por que essas duas disciplinas são assim associadas no sistema escolar francês? É uma de suas originalidades (alguns dirão: é um dos seus defeitos) e não é a mesma coisa em outros países, a Inglaterra e a Bélgica, por exemplo, para não citar senão os casos mais próximos.

Poder-se-ia acreditar que é somente por razões de comodidade administrativa que foi decidido, no século XIX que, no secundário, um só e mesmo professor ensinaria essas duas "matérias", como se dizia antigamente. Na verdade, essa associação da história e da geografia foi decidida por razões que eu acredito bem mais profundas e sobretudo para articular as duas categorias kantianas fundamentais, o espaço e o tempo. Com efeito, a geografia está no espaço, deveria estar no espaço, da mesma forma como a história está no tempo.

Mas na realidade, na escola, nos colégios, no liceu, como na universidade, onde é formada uma parte dos professores dessas duas disciplinas, essa articulação da história e da geografia não existe mais e, se elas são ensinadas no primário e no secundário pelos mesmos mestres, é de modo totalmente desigual e separado. Os professores de história e geografia têm principalmente uma formação histórica e eles possuem, sobretudo, como conjunto de opinião, uma sensibilidade histórica. Eles se sentem nitidamente mais gratificados pelo ensino da história e inúmeros deles reconhecem que têm menos satisfação, e muito mais dificuldades, para ensinar geografia. Eu diria francamente que, na maioria das vezes, esta não interessa mais aos alunos do que aos seus pais, da forma como é conhecida atualmente.

Se desde há alguns anos nos preocupamos – aqui compreendendo "altos meios" – com as carências do ensino da história – e este colóquio é uma das principais provas dessa preocupação –, quem se inquieta com o marasmo bem maior ainda, e mais antigo, da geografia? Muito pouca gente e, é preciso dizer, não muitos geógrafos.

É porque René Girault, organizador deste colóquio, tomou conhecimento do embaraço de numerosos professores com respeito à geografia, que ele achou que deveria levar em consideração os problemas dessa disciplina nos objetivos da missão da qual o encarregou o ministro. Inicialmente este colóquio só concernia à história.

Ensinar a geografia no primário e no secundário não é coisa cômoda. Temos todos, ou quase todos, a lembrança das lições de geografia particularmente tediosas, tal por exemplo, "a desigualdade dos dias e das noites" ou "longitude-latitude, meridianos e paralelos" (aliás, não é exatamente geografia, mas sobretudo astronomia), que são os deveres aborrecidos pelos quais se inaugura, ritualmente, o programa de geografia geral. Além disso, os historiadores não conservam uma boa lembrança das provas de geografia a que tiveram de se submeter para a licença ou a *agrégation*, e os cortes geológicos estão na origem de sólidos rancores.

Ensinar a geografia, dizia eu, não é coisa cômoda e, no entanto, essa disciplina não parece árdua: ela descreve paisagens, enumera nomes de lugares, e algumas cifras; na aparência, ela seria antes simplista e a tal ponto que, desde há decênios, pensa-se que se pode encarregar dela professores que não tiveram formação nesse domínio.

Poderia eu dizer que as dificuldades da geografia no ensino secundário se devem ao fato de que ela é sobretudo ensinada por homens e mulheres que têm principalmente o gosto pela história? Não, ou ao menos eu diria que isso não é o essencial. *Agregés* de geografia não reconhecem que têm, frequentemente, menos dificuldade em ensinar a história que a disciplina para a qual eles são, contudo, formados. Isso não quer dizer que os historiadores não tenham dificuldades pedagógicas a transpor no ensino da história, mas essas me parecem bem menores que para o ensino da geografia.

De fato, o discurso histórico é levado por uma espécie de tensão dramática (salvo, talvez, quando ele trata da evolução de certos fenômenos econômicos e sociais sobre tempos longos ou muito longos). Em contraposição, a descrição geográfica de um país, de uma região, é geralmente desprovida de toda tensão dramática e consiste, o mais das vezes, numa enumeração de rubricas distintas: relevo, clima, vegetação, povoamento, agricultura, indústria etc.

"Fazer história", ao menos na escola, no colégio e no liceu é, primeiro (não somente, mas em primeiro lugar), contar uma história, explicar uma sucessão de fatos mais ou menos dramáticos, cujas consequências foram importantes para este ou aquele povo e, mais ainda, para o nosso.

Sem dúvida dedicaríamos hoje menos interesse às ações dos "grandes homens", mas a carga dramática da narração histórica permanece forte quando ela evoca seus heróis, que são os povos, sobretudo quando eles lutam para a independência ou para mais liberdade. É claro que se pode falar de tudo isso de forma maçante e monótona mas, frequentemente, o professor é "levado" pela história que ele conta, pois ela é apaixonante e basta que ele tenha talento e que saiba conduzir o "suspense" para manter a respiração presa em seus jovens auditores e isso é, para ele, bastante gratificante.

Em contrapartida, quando se trata de geografia, a tarefa do mesmo mestre é bem mais ingrata, pois seus propósitos são, então, desprovidos de tensão dramática: a propósito de tal país ou de tal parte do programa, é preciso que ele enumere diferentes categorias de conhecimento "que se deve saber" (mas para fazer o quê?) e os raciocínios que ele esboça, para ligá-los uns aos outros, permanecem bastante formais. O discurso geográfico evoca, na maioria das vezes, permanências ou fenômenos que evoluem sobre tempos relativamente longos ou muito longos; só raramente se trata de mecanismos ou acontecimentos. Nas descrições ou explicações geográficas não há qualquer "suspense" para manter o interesse dos alunos e é preciso muito talento e competência para que um tal discurso não acarrete aborrecimento.

Para ir ao encontro das enumerações de rubricas e das nomenclaturas, o estudo do "meio local", aquele onde se encontra a escola, foi preconizado como "procedimento de estímulo", notadamente no ensino primário. Mas ali também se afirma que ensinar a geografia não é coisa fácil, e talvez mais ainda por esses métodos ativos. O estudo do meio local, para ser frutífero, exige a reunião de condições que são, a bem dizer, bastante excepcionais: tempo, entusiasmo, mestres solidamente formados que sejam capazes de operar múltiplas comparações e de serem pesquisadores perspicazes e bons observadores do terreno. Sem isso, e é bem frequente o caso, não se trata senão de propósitos descozidos, enumerando alguns aspectos de um quadro bem familiar aos alunos para que eles tenham interesse nisso.

Os cursos e os manuais de geografia não são mais hoje o que foram outrora para um grande número de futuros cidadãos, isto é, o inventário da diversidade do mundo e a descrição do seu próprio país. De fato, a mídia difunde cotidianamente uma massa de informações e de imagens e isso de modo espetacular e a propósito de acontecimentos ou de circunstâncias mais ou menos dramáticas. Em comparação, o professor de geografia foi reduzido a enumerar banalidades bastante estáticas.

É quando devem tratar da França e, talvez mais ainda, da região em que vivem seus alunos, que os professores encontram mais dificuldades, em razão do pequeno interesse dos jovens com relação a essa parte dos programas. Isso deveria ser considerado como um dos sintomas, dos mais graves, do mal-estar do ensino da geografia. De fato, não é primeiro para falar da pátria aos futuros cidadãos, para lhes fazer conhecer seu país, que um ensino de geografia, assim como também o de história, foi considerado necessário e obrigatório no fim do século XIX, notadamente após o traumatismo da derrota de 1870? Esse cuidado foi tal que, durante mais de 40 anos, o livro de leitura corrente de todos os pequenos franceses foi o famoso *Volta da França por duas crianças*, que é, na verdade, um livro de história e sobretudo um livro de geografia política. De fato hoje, num país como a França, se fala menos da pátria que antigamente e isto é, sem dúvida, um erro, mas há diversas razões para tal.

Em contrapartida, fala-se muito mais do que no passado das "regiões", e sobretudo da "região", onde se vive e se fala de forma nova. Quando certas pessoas reivindicam o direito de "viver e trabalhar na região", é o "recanto"** que eles evocam, o subconjunto regional. Ora, basta folhear manuais de geografia, os das classes de terceira e de primeira*** e comparar os manuais de 30 anos atrás e os de hoje, para constatar a enorme redução, nos últimos dez anos, do lugar dedicado ao estudo da geografia regional da França.

Essa região é vista, sobretudo daqui para a frente, de maneira "temática", em função dos diferentes setores econômicos e sociais, o que não quer dizer que isso interesse tanto aos alunos, mas os professores

---

** N.T.: Do francês *petit pays*.
*** No ensino secundário francês, a classe de *première* é a mais avançada e a de *sixième*, a inicial. Nas duas referidas no texto é que se dá ênfase ao estudo da geografia regional da França.

preferem se referir ao discurso economicista dominante do que descrever os Alpes ou o Maciço Central.

Inquietam-se, indignam-se porque os jovens franceses não ouvirão mais falar na escola, no colégio e no liceu, de Joana D'Arc, de Henrique IV, de Robespierre ou da guerra de 1914. Por outro lado, não parece que nos preocupamos que eles não ouçam praticamente mais falar, no ensino primário e secundário, da Lorena e da Alsácia, da Bretanha ou da Córsega, como se alguns catálogos de agência de turismo ou *slogans* autonomistas suprissem a falta. É significativo que o "relatório Girault" não tenha suscitado na imprensa senão comentários a respeito da história, uma vez que diz respeito, da mesma forma, ao ensino da geografia.

Enquanto os mal-estares da história contrastam com os seus sucessos na mídia e têm um prestígio científico indiscutível, a geografia é, para a maioria das pessoas, e notadamente para os intelectuais, sinônimo de disciplina chata, inútil, e na comunidade científica ela é objeto de polida indiferença ou de uma indagação de sua razão de existir. Enquanto nos Estados Unidos uma revista de geografia, a *National Geographic Magazine*, que existe há cerca de um século, conta hoje 10 milhões de assinantes (é, por esse motivo, a terceira revista americana), na França as revistas de geografia, e não as menores, têm tiragem de alguns mil exemplares, que só são lidos pelos geógrafos universitários, nem mesmo pelos professores do secundário. Ao contrário, na França uma revista como *L'Histoire* tem uma tiragem de 50 mil exemplares.

Se nos indignamos por intermédio da imprensa pelas "falências" da história escolar e se se injuria até quanto a suas orientações, é porque o alcance político e a função cívica dessa disciplina são evidentes. Em contrapartida se somos, na França, de tal forma indiferentes ao marasmo da geografia, é porque a utilidade, o alcance político (político e não politiqueiro) e sobretudo o interesse estratégico desse saber são, desde há decênios, sistematicamente esquecidos e, em primeiro lugar, pelos próprios geógrafos universitários e professores para cuja formação estes últimos contribuíram.

Para fazer compreender quais são os problemas fundamentais que coloca o ensino da geografia e a importância das lutas, parece-me indispensável lembrar isto: a geografia já existia bem antes que aparecesse, no século XIX, sua forma escolar e universitária. Desde há séculos, desde que existem os mapas, ela é um saber indispensável aos príncipes, aos chefes de guerra, aos grandes comissários do Estado, mas também aos navegadores e aos homens de negócios, ao menos para aqueles cujo espírito de empreendimento se exerce além do quadro espacial que lhes é familiar.

Essa geografia que eu chamo fundamental está hoje mais ativa e mais precisa do que nunca (nem que seja por causa das observações fornecidas pelos satélites), mas ela é discreta, às vezes secreta, e destinada, como o é, aos estados-maiores militares ou financeiros, ela permanece ignorada do grande público, como acontece também com os professores de geografia. Mas estes deveriam explicar, localizar os grandes mecanismos e as principais relações de força.

Ora, desde o fim do século XIX a aceitação da palavra geografia se reduziu consideravelmente, sem aliás nenhuma justificativa teórica, e hoje habitualmente não se designa mais esse saber eminentemente estratégico que é a geografia fundamental, mas um discurso bem diverso, desprovido de conflitos, a geografia dos professores, e é dela que cada um conserva uma lembrança mais ou menos vaga; ela é destinada, não mais aos príncipes, aos chefes de guerra ou aos mestres das grandes empresas, mas aos alunos. De fato, desde o fim do século XIX e por razões que foram primeiro patrióticas, considerou-se que era preciso ensinar rudimentos de geografia e de história aos futuros cidadãos. A função dessa geografia escolar não é, evidentemente, mais estratégica, mas ideológica e até o período entre as duas guerras o seu significado político ficou evidente: ela falava primeiro da pátria e a carta da França, que outrora reinava em permanência nas salas de aula era, para os alunos, a representação, a mais evidente, de seu país.

Mas, no início do século XX, tornando-se saber universitário, principalmente destinado à formação de futuros professores de história e de geografia do ensino secundário, a geografia sofreu uma mutilação capital: a exclusão do político do campo daquilo que se pode chamar de geograficidade (isto é, daquilo que é considerado como "geográfico"). De fato, os primeiros geógrafos que foram admitidos para ensinar na Sorbonne e que se tornaram os mestres pensantes dessa nova disciplina universitária foram levados a crer que, para construir uma "ciência", uma verdadeira ciência, eles deviam expurgar seus discursos de toda alusão aos fenômenos tocando, de perto ou de longe, o político. Abandonando, por exemplo, a análise das formas de organização territorial dos Estados e a dos problemas de fronteiras, os geógrafos universitários renunciavam assim àquilo que havia sido até então uma das razões de ser fundamentais da geografia. Seria muito longo evocar aqui as razões complexas que conduziram os geógrafos franceses a fazer como se os fenômenos políticos nada tivessem a ver com a geografia e a "esquecer", sistematicamente, obras dos maiores deles, não somente a de Elisée Reclus, o geógrafo libertário, mas também o alcance do livro de geopolítica sobre *A França de Leste*, de Vidal de la Blache, mesmo que este último seja celebrado como o "pai da escola geográfica francesa".

Sem dúvida, tanto para os historiadores, como para os geógrafos, era preciso romper com as arengas "fardadas", ou propagandistas, mas logo que os primeiros se desligaram, pouco a pouco, das preocupações políticas, os geógrafos, sem argumentar de forma alguma, chegaram a se impor essa ideia, no entanto absurda, de que os problemas dos Estados não eram "geográficos" e que tal tipo de questões não é de sua competência. Que seria da história, hoje, se os historiadores universitários, no início deste século, tivessem sido levados a decidir, em nome da ciência e da objetividade, que os fenômenos políticos deviam ser excluídos da história científica? É, no entanto, o que fizeram, de sua parte, os geógrafos universitários e eles inculcaram essa concepção atrofiada da geografia nos professores que formaram e eles próprios difundiram tal ideia, no conjunto da opinião. Não é de admirar que essa opinião não se preocupe mais com esse saber, do qual foi retirado o essencial de sua razão de ser, e cujo alcance político e função cívica foram, sistematicamente, camuflados pelos mesmos que têm a função de a fazer conhecer.

Compreende-se melhor assim que, diferentemente do discurso histórico, o discurso geográfico seja tão desprovido de tensão dramática: é o que o torna tão maçante e tão difícil de ser ensinado. Eliminando, sem mesmo o perceber, os problemas políticos, quer dizer, as rivalidades entre os grupos sociais e os conflitos entre os Estados, os geógrafos se privam de poder mostrar, demonstrar, a importância dos fenômenos que eles descrevem e enumeram. Eles não podem fazer com que compreendam que se trata de mecanismos consideráveis para forças que se confrontam, trunfos ou *handicaps* nas estratégias que eles elaboram. Ousar-se-ia dizer que o controle do espaço, sua organização, não é um mecanismo de importância?

Aos futuros professores de história e geografia foi inculcada uma concepção de geografia que se proclama "científica" e que não é, na realidade, mais do que uma concepção acadêmica, uma vez que ela reduz um saber, cuja razão de ser é a ação, a um discurso "desinteressado", sem conflitos. Essa redução, sob pretexto de "cientificidade" do campo da geografia, se opera sorrateiramente, à força de não ditos, sem a menor justificativa teórica, e não há qualquer razão epistemológica para que se continue a interiorizá-la hoje. É preciso, ao contrário, que os professores de história e de geografia, como também os geógrafos universitários, retomem consciência das verdadeiras dimensões da geografia, as da geografia fundamental, e compreendam que a razão de ser desse saber pensar o espaço é melhor compreender o mundo para aí poder agir com mais eficácia. "Não há geografia sem drama!", exclamou um dia o grande geógrafo Jean Dresch, que foi presidente da União Geográfica Internacional – fórmula epistemológica lapidar, cujo valor científico é tão grande quanto o alcance pedagógico.

"Não há geografia sem drama", como não há história sem drama. Não se trata, evidentemente, para o historiador, de se deliciar na exposição das tragédias sangrentas (elas são, infelizmente, numerosas), como também não é o caso de o geógrafo só se interessar pelas catástrofes naturais. O drama, etimologicamente, é primeiro a ação, e em seguida o "relato de uma sucessão de ações, de forma a interessar, a comover espectadores no teatro"; e por que não os alunos numa sala? Não se trata somente de ajudar os professores a transpor certas dificuldades pedagógicas; trata-se de um objetivo cívico que concerne, na verdade, à nação inteira. É preciso que os cidadãos, e sobretudo aqueles que estão mais preocupados com os problemas de nosso tempo, se interessem tanto pela história como pela geografia.

De fato, nunca conhecimentos geográficos e uma iniciação ao raciocínio geográfico verdadeiro foram tão necessários à formação dos cidadãos. Isso resulta, ao mesmo tempo, do papel considerável da mídia e do desenvolvimento de procedimentos democráticos na sociedade francesa da segunda metade do século XX.

A mídia transmite informações procedentes de todos os países do mundo (ciclones, tremores de terra, mas também guerras civis e conflitos de todas as ordens). Se não se quer que essa onda de notícias provoque a indiferença da opinião, é preciso que esta possa integrá-las a uma representação do globo suficientemente precisa e diferenciada. O mundo é ininteligível para quem não tem um mínimo de conhecimentos geográficos.

Além do mais, nunca num país como a França, os cidadãos se sentiram tão envolvidos por questões que são, na realidade, problemas geográficos, os do meio, do urbanismo, da regionalização. Enquanto, há 30 anos, as decisões relativas à implantação de grandes equipamentos industriais, ao traçado dos grandes eixos de circulação ou aos planos de urbanismo, por exemplo, não decorriam senão das discussões de um pequeno número de técnicos e de homens políticos, hoje um número crescente de cidadãos quer participar dos debates relativos à organização do espaço, quer se trate do plano de ocupação dos solos de sua comuna ou do *aménagement* do território na região em que eles vivem. Ainda é preciso que esses cidadãos tenham recebido a formação que lhes permita compreender do que se trata, de ler uma carta ou um plano e de recolocar os problemas locais em função daqueles da região e do conjunto do país, na ausência do que os procedimentos de consulta democrática são esvaziados de sua razão de ser, quando mais eles não sirvam de álibi a diferentes grupos de pressão.

Mas para que os cidadãos se interessem pela geografia e compreendam a utilidade dessa maneira de ver o mundo, é preciso reintroduzir a tensão dramática, a referência às ações e aos mecanismos, nos discursos dos geógrafos. O problema da formação dos professores tem, portanto, uma importância capital e se trata menos de aumentar o estoque de conhecimentos de cada um, que de os entranhar nos diferentes tipos de raciocínios geográficos e de os conduzir a tomar consciência das verdadeiras razões de ser da geografia.

É preciso dizer que se deve desejar que essa disciplina seja ensinada por especialistas que tenham recebido uma formação essencialmente geográfica? No ensino primário é evidentemente impossível e, no secundário, sendo as coisas tais como são, é, na grande maioria das vezes, a homens e mulheres que têm sobretudo o gosto pela história que se dá a incumbência do ensino da geografia e, já dissemos, eles consideram isso, frequentemente, uma tarefa ingrata, essencialmente por causa da ausência de significado político e da ausência de tensão dramática nas descrições geográficas tradicionais. Ora, são justamente esse alcance político e essa carga dramática que se trata de introduzir de novo no raciocínio geográfico, e eu penso que qualquer um que tenha o gosto pela história pode facilmente atingir o interesse do verdadeiro raciocínio geográfico, aquele da geografia fundamental, com seus mecanismos e relações de forças que devem levar em consideração, sob pena de fracasso, tanto as configurações do terreno, como a localização dos grupos étnicos ou culturais. Esse saber estratégico foi tão frequentemente elaborado na história, que um historiador não pode ficar indiferente a isso.

A *geografia deve ser para o espaço o que a história é para o tempo*; uma e outra levam em consideração uma certa gama de dimensões espaçotemporais, nem as muito grandes (as da astronomia, por exemplo), nem as muito pequenas, mas aquelas que estão mais ligadas às ações dos homens e sobretudo às práticas do poder. Não se trata de preconizar a fusão desses dois saberes científicos numa espécie de "geo-história" (que é um gênero particularmente difícil, mesmo para historiadores de altíssimo gabarito), mas de mostrar quais são as semelhanças e as diferenças de seus procedimentos epistemológicos: se o raciocínio histórico é baseado, em grande parte, na distinção de diferentes tempos, a longa duração e a curta duração, para retomar a fórmula de Fernand Braudel, o raciocínio geográfico deve distinguir e articular, também, diferentes níveis de análise espacial que correspondem a levar em consideração conjuntos espaciais de grande ou de pequena dimensão. A distinção sistemática de diferentes níveis de análise espaçotemporais não é somente indispensável, hoje, na pesquisa de alto nível; ela o é, talvez mais ainda, na prática pedagógica: salta-se, bem frequentemente, e sem precaução, considerações planetárias (o Terceiro Mundo), a exemplo de tal aldeia ou de evoluções seculares (a "revolução industrial") na narração de determinado acontecimento capital que não durou, no entanto, mais do que algumas horas.

A articulação metódica dos diferentes níveis de análise, quer se trate do tempo ou do espaço, é uma das grandes dificuldades do raciocínio do geógrafo ou do historiador, mas é somente dessa maneira que ele se torna um saber pensar o tempo ou um saber pensar o espaço, isto é, o instrumental conceitual que permite apreender mais racionalmente e mais eficazmente, se não a totalidade do "real", ao menos uma bem ampla margem da realidade.

Durante séculos, esse saber pensar o tempo e esse saber pensar o espaço foram o apanágio de uma minoria dirigente, da mesma forma como o foram os saberes ler, escrever e contar, que foram, eles também, instrumentos de poder, antes de serem democratizados. O saber histórico é hoje bem mais amplamente difundido que outrora, e ele foi um importante fator de desenvolvimento para as forças democráticas. É preciso fazer com que aqueles que ensinam a geografia hoje tomem consciência de que o saber pensar o espaço pode ser uma ferramenta para cada cidadão, não somente um meio de compreender melhor o mundo e seus conflitos, mas também a situação local na qual se encontra cada um de nós.

É um acaso se na totalidade dos Estados de regime totalitário, mapas precisos (em grande escala) são estritamente reservados aos dirigentes do partido e aos quadros da polícia e do exército? É por acaso se os únicos Estados nos quais quem quer que seja possa, livremente, obter tais cartas sejam os Estados de regime democrático? Ainda é preciso que os cidadãos saibam "ler" essas cartas e que compreendam como usá-las.

É a tarefa dos professores de história e de geografia.

23
PARA PROGRESSOS DA REFLEXÃO GEOPOLÍTICA NA FRANÇA

Após ter sido proscrita durante decênios, sob o pretexto de que havia sido estreitamente ligada à argumentação do expansionismo hitleriano, a palavra geopolítica, desde algum tempo, começa a ser utilizada cada vez mais frequentemente. Ela não passa despercebida, ela choca, ela intriga, ela aparece como uma forma nova de ver o mundo; em certos meios, ela começa mesmo a ser uma fórmula em moda, e certas pessoas já a empregam para dar brilho a propósitos bem vulgares.

Na realidade toda moda tem suas razões e esta não é fútil: é de fato necessário hoje dispor de um termo que expresse a importância e a complexidade das relações entre aquilo que sobrevem do político, notadamente as diferentes espécies de conflitos e as configurações espaciais. Nos meios intelectuais franceses, essas relações são particularmente desconhecidas, ou reduzidas a banalidades evidentes.

Sem dúvida, desde o período que se segue à Segunda Guerra Mundial, não se sentiu falta, na França como alhures, de fazer alusão ao espaço para designar simbolicamente os protagonistas principais das grandes rivalidades planetárias, o Leste e o Oeste, o centro e a periferia, mais recentemente, o

Norte e o Sul. Efeitos de estilo que se acredita sejam inocentes imputam a imensos conjuntos continentais, a África, a América Latina, ou a entidades muito vagas e mais vastas ainda, o Terceiro Mundo (mais de uma centena de "países"), um projeto político, uma estratégia, como se tratasse de um único ator ("a África luta", a "América Latina reivindica", "o Terceiro Mundo exige"), sem levar em consideração rivalidades, que se exacerbam entre os Estados assim reagrupados verbalmente, ou mesmo guerras que os opõem uns aos outros.

É-se obrigado a tomar conhecimento hoje de que essas grandes metáforas geográficas são bem mais simplistas e que essas maneiras de falar são armadilhas e não somente para aqueles que as escutam. Descobre-se agora que o imperialismo (qual deles?) e o confronto dos "blocos" econômico-ideológicos de envergadura planetária não explicam tudo, que povos oprimidos se batem com ferocidade uns contra os outros e que, nos diferentes "pontos quentes" que se podem recensear na superfície do globo, a situação é muito complicada por causa da confusão de velhos antagonismos locais, rivalidades "regionais" e do papel mais ou menos contraditório das grandes potências.

É preciso destacar que, contrariamente àquilo que se pensa, na maioria das vezes, as reflexões geopolíticas não se situam somente no nível planetário ou em função de vastíssimos conjuntos territoriais ou oceânicos, mas também no quadro de cada Estado, aí compreendendo aqueles cuja unidade cultural é grande (geografia das tendências políticas, problemas da regionalização) e com mais forte razão ainda, naqueles em que se encontram diversas nacionalidades ou etnias mais ou menos rivais. O caso do Próximo Oriente, e particularmente o do Líbano, mostra a que ponto, em espaços de relativamente pequenas dimensões, as situações geopolíticas podem ser complicadas. Para melhor compreender, é preciso examinar em diferentes níveis de análise espacial, a superposição, ou antes as interseções de diversas categorias de fenômenos, não somente a repartição geográfica do relevo, as potencialidades agrícolas (as águas e os solos), as zonas de influência urbana e os grandes eixos de circulação, sem esquecer a memória que têm os povos, ou ao menos seus dirigentes, de seus "direitos históricos" sobre esta ou aquela porção dos territórios que eles disputam entre si. Difícil é, portanto, a tarefa daqueles que têm de tomar conhecimento das relações de forças locais, regionais, internacionais, em situações tão complexas.

Para ver mais claro nisso, e para melhor explicar, é preciso – seria preciso – recorrer ao mapa, examinar e mostrar, não somente uma carta, mas cartas que, estabelecidas em diferentes escalas, permitem atingir os problemas, em função de espaços de maior ou menor extensão. Ora, numa nação como a França, a maior parte dos cidadãos que se preocupa com os negócios do mundo e os de seu próprio país têm tão pouco o hábito de examinar uma carta que esta – quando eles veem uma – não lhes diz absolutamente nada, mesmo quando ela representa um espaço que lhes é relativamente familiar. Qualquer que seja o seu nível cultural, eles a consideram quer como uma decoração que evoca a viagem e as férias, quer como um objeto escolar associado a lembranças mais ou menos tediosas. Mas esses cidadãos, que frequentemente aparentam ter um espírito crítico com respeito a este ou aquele raciocínio político, se comportam de maneira bastante crédula desde que lhes é apresentada uma argumentação pretensamente fundamentada sobre a carta, de modo, digamos, indiscutível. A carta, então, embora ela seja apenas entrevista, faz função de argumento científico de autoridade, da mesma maneira como são impostas a uma opinião, muito cândida nesse domínio, "pseudoleis geopolíticas" que reduzem artificialmente problemas complexos, ao jogo simplista de um ou dois fatores elementares. Essas "leis", frequentemente fundadas sobre analogias sumárias, são, na verdade, na maior parte das vezes, tiradas do museu dos raciocínios "deterministas" da geografia de há mais de um século.

Contrariamente às afirmações de certos grandes teóricos (Mackinder, por exemplo), uma situação geopolítica não é determinada, no essencial, por tal dado de geografia física (relevo e/ou clima), mas ela resulta da combinação de fatores bem mais numerosos, demográficos, econômicos, culturais, políticos, cada qual deles devendo ser visto na sua configuração espacial particular.

A França se caracteriza por um enorme atraso da reflexão geopolítica, tanto no âmbito das pesquisas como no da difusão das ideias. Num período em que inúmeros problemas se agravam e se complicam, tanto no plano interno como no internacional, esse atraso tem consequências desastrosas, nem que seja só na medida em que ele facilita a manipulação de uma larga parte da opinião por campanhas que se fundam em sentimentos excelentes, sem levar em consideração a complexidade das situações reais, nem os perigos para o futuro, de certas soluções fáceis.

Essa carência da reflexão geopolítica não é recente e ela afeta todas as tendências ideológicas; ela se atém a um conjunto de causas relativamente antigas. Primeiro, o peso de certos discursos ideológicos muito difundidos "na esquerda" que se baseiam, sob pretexto de cientificidade, em representações muito economicistas da sociedade, como se suas contradições não dependessem fundamentalmente senão das relações de produção; a supressão da propriedade privada dos meios de produção devia acertar todos os problemas políticos. Pode-se perceber hoje que não é nada disso, bem ao contrário.

Na França, se a influência de dogmas redutores do pensamento de Marx era, para os meios intelectuais "de esquerda", o único freio ao desenvolvimento de uma reflexão geopolítica, em contrapartida, esta deveria ter sido cultivada em meios pouco suspeitos de ternuras com relação ao marxismo. Ora, não foi nada assim e, na França, as análises geopolíticas da direita são tão pobres como as de esquerda.

A causa principal do fraco desenvolvimento da reflexão geopolítica é a verdadeira mutilação que sofreu o raciocínio geográfico a partir do momento em que ele se tornou universitário. Enquanto, durante séculos, a geografia foi um saber político, por todas as evidências, indispensável aos príncipes, aos chefes de guerra, aos grandes comissários do Estado, como aos poderosos homens de negócios, enquanto no século XIX a essa função eminentemente estratégica se acrescentava uma função ainda política, a de fazer conhecer sua pátria aos futuros cidadãos que são os jovens, em contrapartida, a partir do momento em que geógrafos ensinaram na Sorbonne – bem no início do século XX –, estes, por razões complexas e sobretudo sob pretexto de cientificidade, julgaram ser bom expurgar seus discursos de qualquer referência ao político.

Eles esqueceram assim aquilo que havia sido uma das razões de ser fundamentais da geografia. Os geógrafos universitários e os professores de liceu que eles formaram, chegaram a considerar que os problemas dos Estados (aí compreendidos os de fronteira) não eram "geográficos" e não diziam respeito, portanto, à sua disciplina. Sem dúvida para historiadores, como para geógrafos, era preciso romper com as arengas chauvinistas e "fardamentos" aos quais se deu livre curso durante a "guerra de 14". Mas enquanto os primeiros se desprendiam, pouco a pouco, das preocupações propagandistas, sem por isso cessar de estudar os fenômenos políticos, os geógrafos universitários, ao contrário, proscreveram sua análise. Que ideia se faria hoje da história se os historiadores, sob pretexto de seguir um procedimento científico, tivessem assim eliminado o político?

O grande atraso da reflexão geopolítica na França se apega sobretudo ao fato de que os professores de geografia propagaram na opinião essa concepção muito mutilada de sua disciplina (a tal ponto que se pergunta qual é sua utilidade) e que, durante decênios, os geógrafos, na qualidade de pesquisadores, recearam aplicar seus métodos à análise dos conflitos, às suas configurações espaciais, aos seus mecanismos e aos terrenos sobre os quais eles se desenrolam.

Não mais que o raciocínio histórico, o raciocínio geopolítico não é por essência, "de direita" ou "de esquerda". É um instrumento conceitual que permite apreender toda uma margem da realidade. Evidentemente, como o raciocínio histórico, ele é utilizado por homens que não são espíritos puros; eles têm, cada um, sua preferência ideológica e sustentam, mais ou menos conscientemente, certas causas. Mas as contradições que se podem constatar entre seus discursos mostram que não são os fundamentos epistemológicos da referência ao tempo ou ao espaço que se devem incriminar, mas as teses políticas que eles pretendem demonstrar. Sem dúvida, os nazistas deram grande destaque à geopolítica, por causa de certa argumentação geopolítica, mas eles utilizaram, da mesma forma, argumentos históricos ou biológicos para fundamentar suas pretensões. Não se desqualificou a história ou a biologia por causa disso, mas proscreveu-se a geopolítica.

Os dirigentes dos povos que lutaram, ou lutam ainda para sua independência ou sua autonomia também, fazem geopolítica, mas seus argumentos não são, evidentemente, os mesmos que aqueles das grandes potências que os dominam. Na França, um dos precursores de uma geopolítica de resistência à opressão foi o grande geógrafo libertário Elisée Reclus, mas sua grande obra foi, sistematicamente, "esquecida" pelos geógrafos.

É preciso terminar com essa proscrição do raciocínio geopolítico, proscrição que está, no fundo, no débil direito do "édito imperial" stalinista a propósito da "ciência burguesa" e da "ciência proletária".

Desde que o mundo aparece mais complicado do que afirmavam os grandes discursos maniqueístas, uma notável parte da opinião começa a pressentir que é importante levar em consideração as configurações espaciais no exame das relações de forças e é isso que explica a atenção que a geografia dedica, desde algum tempo, a tudo aquilo que faz referência à geopolítica. Esse interesse, bem frequentemente, não é mais satisfeito, pois a etiqueta "geopolítica" cobre muitas banalidades. A essa procura, a essa carência, é necessário responder de modo mais rigoroso e é a tarefa dos geógrafos.

Para assegurar o desenvolvimento da reflexão geopolítica na França, não se pode mais contar, ao menos por enquanto, com o conjunto da corporação geográfica universitária, pois esta, cheia de pesos instituídos em critérios "científicos", está ainda longe de se interessar pelas reflexões políticas. Em contrapartida, um certo número de geógrafos, que fazem ainda figura de franco-atiradores, se consagra desde alguns anos a essa tarefa e eles demonstram a eficiência dos métodos de sua disciplina na análise dos problemas políticos e militares.

Mas para construir um raciocínio geopolítico não é indispensável ser geógrafo de profissão, e numerosos homens de ação elaboram um procedimento mais ou menos geográfico desde que raciocinem em termos de estratégia, sobre espaços mais amplos do que aqueles do quadro cotidiano. Mas é excepcional que os resultados de suas análises sejam publicados, e é pena, pois elas são de um grande interesse.

Na verdade, não será possível preencher o enorme atraso da reflexão geopolítica na França se os jornalistas não se interessarem por ela de forma mais metódica que presentemente. São eles que fazem as análises mais difundidas. O imperativo de sua profissão – tomar conhecimento o mais rápido possível dos acontecimentos da atualidade – faz com que sua tarefa seja bastante difícil. Mas eles estão na fonte de informações preciosas. Eles poderiam ser ainda mais eficientes se estivessem mais familiarizados com os raciocínios geográficos.

Para assegurar o progresso da reflexão geopolítica, é preciso, portanto, que se estabeleçam relações regulares entre homens de mídia, homens de ação, militares e pesquisadores científicos de diversas disciplinas, historiadores cujo papel é essencial, políticos, etnólogos, juristas, sociólogos, economistas, demógrafos e, bem entendido, geógrafos, de modo a comunicarem mutuamente suas experiências e seus métodos.

É o que se esforça por fazer *Hérodote*, revista de geografia e geopolítica.

Especificações técnicas

Fonte: Times New Roman 10,5 p
Entrelinha: 13,5 p
Papel (miolo): Offset 75 g/m^2
Papel (capa): Cartão 250 g/m^2